国防科技图书出版基金

导弹智能变轨规避突防技术

Missile Circumvention Penetration Technology Based on Intelligent Orbit Maneuver

李新其 著

国防工业出版社

·北京·

图书在版编目（CIP）数据

导弹智能变轨规避突防技术 / 李新其著. —北京：国防工业出版社，2025.3 重印.
ISBN 978-7-118-12642-6

Ⅰ. ①导… Ⅱ. ①李… Ⅲ. ①导弹—军事技术 Ⅵ. ①E927

中国版本图书馆 CIP 数据核字（2022）第 166266 号

※

国防工业出版社 出版发行
（北京市海淀区紫竹院南路 23 号　邮政编码 100048）
北京虎彩文化传播有限公司印刷
新华书店经售

*

开本 710×1000　1/16　印张 11½　字数 190 千字
2025 年 3 月第 1 版第 2 次印刷　印数 1501—2000 册　定价 79.00 元

（本书如有印装错误，我社负责调换）

国防书店：（010）88540777　　书店传真：（010）88540776
发行业务：（010）88540717　　发行传真：（010）88540762

致 读 者

本书由中央军委装备发展部**国防科技图书出版基金**资助出版。

为了促进国防科技和武器装备发展，加强社会主义物质文明和精神文明建设，培养优秀科技人才，确保国防科技优秀图书的出版，原国防科工委于1988年初决定每年拨出专款，设立国防科技图书出版基金，成立评审委员会，扶持、审定出版国防科技优秀图书。这是一项具有深远意义的创举。

国防科技图书出版基金资助的对象是：

1. 在国防科学技术领域中，学术水平高，内容有创见，在学科上居领先地位的基础科学理论图书；在工程技术理论方面有突破的应用科学专著。

2. 学术思想新颖，内容具体、实用，对国防科技和武器装备发展具有较大推动作用的专著；密切结合国防现代化和武器装备现代化需要的高新技术内容的专著。

3. 有重要发展前景和有重大开拓使用价值，密切结合国防现代化和武器装备现代化需要的新工艺、新材料内容的专著。

4. 填补目前我国科技领域空白并具有军事应用前景的薄弱学科和边缘学科的科技图书。

国防科技图书出版基金评审委员会在中央军委装备发展部的领导下开展工作，负责掌握出版基金的使用方向，评审受理的图书选题，决定资助的图书选题和资助金额，以及决定中断或取消资助等。经评审给予资助的图书，由国防工业出版社出版发行。

国防科技和武器装备发展已经取得了举世瞩目的成就，国防科技图书承担着记载和弘扬这些成就，积累和传播科技知识的使命。开展好评审工作，使有限的基金发挥出巨大的效能，需要不断摸索、认真总结和及时改进，更需要国防科技和武器装备建设战线广大科技工作者、专家、教授，以及社会各界朋友的热情支持。

让我们携起手来，为祖国昌盛、科技腾飞、出版繁荣而共同奋斗！

国防科技图书出版基金
评审委员会

国防科技图书出版基金
2018 年度评审委员会组成人员

主 任 委 员　吴有生

副主任委员　郝　刚

秘 书 长　郝　刚

副 秘 书 长　许西安　谢晓阳

委　　　员　（按姓氏笔画排序）

　　　　　才鸿年　王清贤　王群书　甘茂治
　　　　　甘晓华　邢海鹰　巩水利　刘泽金
　　　　　孙秀冬　芮筱亭　杨　伟　杨德森
　　　　　肖志力　吴宏鑫　初军田　张良培
　　　　　张信威　陆　军　陈良惠　房建成
　　　　　赵万生　赵凤起　唐志共　陶西平
　　　　　韩祖南　傅惠民　魏光辉　魏炳波

序

美国陆基中段导弹防御系统经过多年的改进和提升，其反导性能获得了进一步提高，对远程弹道导弹的生存能力构成的威胁日益突出。发展机动突防技术被视为当前导弹突防最为有效的突防技术手段。李新其副教授作为长期从事导弹突防作战仿真的军事运筹学者，长期跟踪美国陆基中段导弹防御系统的技术发展状况，在系统分析陆基中段拦截弹的战术、技术性能弱点的基础上，有针对性地提出了新的机动规避突防概念。他主张避开大气层外动能拦截器（EKV）机动性能最强的末制导段，而采取旨在破坏GBI/EKV中末制导交接班条件的"多次变轨"机动规避突防概念。该概念分三步实现：第一次变轨利用陆基拦截弹（GBI）固体轨控发动机只能一次性使用、持续工作时间较短的弱点，在GBI自由飞行段开始时进行，旨在产生迫使中制导轨控发动机提前开机的足够大零控脱靶量；第二次变轨在GBI中制导即将结束时进行，旨在产生足够破坏GBI中末制导交接班条件的零控脱靶量；第三次变轨在EKV末制导结束、发动机燃料耗尽时进行，以产生成功突防所需的脱靶量。这种"多次变轨"机动规避的设想具有两个特点：一是避实击虚，尽量避开EKV机动能力最强的末制导段，不与EKV比拼机动性能，符合进攻弹头的实际情况；二是降低对进攻弹头轨控发动机的要求，便于工程实现。在《可控机动弹头小推力多次变轨智能规避技术》一书中，作者并不局限于论述"小推力多次变轨机动"突防概念的可行性，更从制导控制角度研究机动突防规划与控制的实现技术，最后采取突防对抗仿真方法演示验证了模型和算法的正确性。作为一名从事国防科研工作的人员，这种大胆尝试、积极创新，并将创新概念与工程技术紧密结合的务实态度是非常值得肯定和提倡的。

战略核力量是维系大国地位的重要支撑，远程弹道导弹作为核弹头的投送平台，其突防能力的高低直接关系核力量"威慑可信"政策的有效性。开展智能化机动突防研究是应对导弹防御系统发展、提高战略导弹生存能力的必要措施，作为一门横跨多学科，同时具有很强工程应用特点的新兴技术科学，当前的理论基础还相对薄弱，许多关键技术难题还没有得到有效解决。本书的出版，相信对于推动机动规避突防概念和技术的创新发展将提供重要的借鉴参考，对于支持远程弹道导弹突防战法研究和弹道优化设计将提供一定的理论指导，对于突破远程弹道导弹综合突防规划作战运用中的技术瓶颈问题亦将具有重要的科学理论和技术支撑价值。

2022.07.25

前　言

　　导弹防御系统对以抛物弹道飞行的弹道导弹的拦截概率已达到相当高的水平，为提高弹道导弹在中段的生存能力，现在的中段飞行方案大多被设计成固定程序机动弹道，其缺点是无法根据反导系统的部署灵活选择机动时机和机动方式，突防效果有限，需进一步发展具有自主突防能力的机动规避技术。主动规避式机动突防是指机动弹头在具备探测、识别和跟踪来袭动能拦截器能力的基础上，能够根据来袭拦截器的相对运动信息，按照某种机动规避策略，快速规划满足突防脱靶量要求和落点精度控制要求的机动弹道，并完成姿控和轨控参数的计算，在控制弹头完成机动规避后，还能确保对目标的打击精度要求。该项突防技术能够克服固定程序机动大范围盲目机动的弱点，具有突防效率高、燃料消耗少的特点，是远程弹道导弹提高中段生存能力的重要突防技术手段。

　　本书在深入分析陆基拦截弹和 EKV 固有战术技术性能，并对比分析 EKV 和进攻弹头机动性能的基础上，提出避开 EKV 机动能力最强的末制导段，选择在 EKV 自由滑行段和末制导结束段实施"多次机动"的规避突防概念。进攻弹头的首次变轨在 GBI 自由飞行段进行，旨在产生迫使中制导轨控发动机提前开机的足够大零控脱靶量；第二次变轨选择在 GBI 中制导即将结束时，旨在产生足够破坏 GBI 中末制导交接班条件的零控脱靶量；第三次变轨选择在 EKV 末制导结束、发动机燃料耗尽时，旨在产生成功突防所需的脱靶量。该突防方案降低了进攻弹头成功突防对机动过载的要求，适合液体轨控发动机实际，具有重要工程应用价值。

　　为实现"多次机动"规避突防对机动弹道的规划与控制，本书通过分析具体突防环境、突防对象，并结合导弹制导、控制系统及精度要求等约束条件，建立进攻弹头与 EKV 的视线动力学模型、脱靶量计算模型及落点精度控制模型等，对包含进攻弹头机动方式、机动时机、机动方向等多项涉及机动突防方案的参数进行综合规划，研究满足脱靶量要求和精度要求的"多次机动"突防规划与控制的算法理论。本书重点解决了进攻弹头智能机动变轨规避策略设计、机动突防效果评估及落点偏差控制三方面内容，并提供具有柔性和鲁棒性的机动突防规划决策算法技术，以实现对弹道导弹机动突防效果的定量评估,为远程弹道导弹突防技术、突防战法研究提供可靠的理论依据,并为开发研制弹道导弹机动进攻弹头道规划与控制决策系统提供技术储备。

全书共 7 章。第 1 章主要分析弹道导弹突防与反导技术的现状及发展趋势,对弹道导弹主动规避突防规划与控制技术进行简要介绍,论述本书研究的总体思路。第 2 章在介绍反导系统作战指挥过程的基础上,从制导与控制角度分析 GBI 战术、技术性能的弱点,按照充分利用 GBI 和 EKV 固有战术、技术性能弱点进行机动突防的概念,提出多种机动方案,包括在 EKV 自由段机动使 EKV 红外导引头失去目标、在 EKV 自由段机动产生大于 EKV 末制导段最大机动能力、在 EKV 末制导段机动使 EKV 因过载限制而增大脱靶量、在 EKV 自由段和末制导段结束后实施"多次机动"等突防方案,并从制导控制角度对各种机动规避策略有效性进行了初步探讨。第 3 章以大气层外动能拦截器在中末制导交接班时可能存在的两种情况为背景,分别研究 EKV 基于最短剩余飞行时间的拦截制导方法和基于预测拦截点的最优导引拦截方法。在此基础上,通过构建进攻弹头机动时机、机动持续时间及轨控发动机推力方向对机动效果的解析模型,分析论证进攻弹头在 EKV 自由段机动规避策略的可行性和有效性。第 4 章在对 EKV 末制导律进行合理设计的基础上,建立 EKV 以各种拦截导引方式进行拦截时脱靶量的计算模型,以达到成功突防所需的脱靶量为依据,对进攻弹头的机动过载、燃料消耗、机动时间等进行计算分析,以判断进攻弹头在 EKV 末制导段实施机动规避策略的可行性。第 5 章和第 6 章共同完成对"多次机动"规避突防方案的可行性论证,并完成"多次机动"突防规划与控制的实现技术研究。其中,第 5 章主要研究第一次机动时进攻弹头道的规划与控制问题,在对比分析各种机动方案相对有效性的基础上,建立以导弹制导、控制、动力系统及精度要求为约束条件,以脱靶量为目标函数的机动规避优化模型,对包含进攻弹头机动时机、机动方向等多项涉及进攻弹头道控制的决策变量进行综合规划。第 6 章主要研究"多次机动"规避突防中的落点精度控制问题,解决前后两次机动造成的落点偏差相互抵消的"多次机动"落点精度控制方案的实现途径。通过选取发动机燃料质量秒耗量、推力作用方向和作用时间为优化参数,以发动机燃料消耗量最小为优化指标,以同时满足零控脱靶量要求和落点偏差修正量要求为约束条件,建立第二次机动规避参数的优化设计模型。针对第二次机动规避参数优化设计具有多约束条件的特点,采用惩罚函数建立基于遗传算法的求解方法,并研究具有良好鲁棒性、柔性的机动规避智能决策算法。第 7 章在前面所建各类模型的基础上利用 Matlab 编程进行仿真计算,旨在通过仿真验证进攻弹头多次机动规避突防方案的可行性,根据仿真计算结果分析突防效果与机动方向、冲量大小、突防时机等因素之间的关系。

本书在撰写过程中参阅了大量文献，是这些文献的作者给了我灵感和启发，书中融入了他们的思想，在此深表谢意，如果在参考文献中有所疏漏，敬请谅解。

突防与拦截尤如矛与盾的两个方面，一直在激烈的竞争中快速发展。尽管本书是作者近十年科研与学术研究成果的基础上进行充实完善后形成的，但由于技术的快速发展，书中所引用的有关观点、方法和数据可能随着时间的推移而出现偏差，但可以为读者提供一种研究问题的思路。至于本书中所提出的"小推力多次机动"概念，作为一种新的学术概念提出，尚有许多待完善之处，如能为同行们提供一个"靶子"，以此作为创新研究的起点，作为本书作者，就感觉书有所值，非常满足了。

本书可作为导弹突防作战仿真、飞行器设计、弹道设计与优化等专业的高年级本科生和研究生教材，也可供从事弹道导弹突防及作战仿真研究的工程技术人员参考。

由于时间和水平的限制，本书难免存在不足，衷心期望广大读者提出宝贵的意见与建议，从而能不断改进我的工作。

本书的写作承蒙王明海教授的悉心指导；肖龙旭院士、孙向东研究员等专家都对本书提出了许多宝贵的意见；感谢陈顺祥老教授的大力支持，帮助校正了内容简介、序言、前言及目录；最后，一并感谢作者所在单位领导的支持，是他们为我排忧解难，创造了很好的工作环境。

作者
2022 年 8 月

目 录

第1章 绪论 ··· 001
1.1 引言 ··· 001
1.2 反导与突防技术现状和发展 ··· 002
1.2.1 导弹防御系统的现状与发展 ··· 002
1.2.2 突防技术的现状与发展 ··· 005
1.3 弹道中段机动突防国内外研究现状 ··· 009
1.3.1 弹道中段机动突防策略研究现状 ··· 009
1.3.2 突防与拦截制导控制研究现状 ··· 012
1.3.3 弹道导弹规避突防规划技术的现状 ··· 015
1.4 本书研究的目标、思路与主要内容 ··· 017
1.4.1 主要目标 ··· 017
1.4.2 研究思路 ··· 017
1.4.3 主要内容 ··· 019
参考文献 ··· 019

第2章 弹道中段机动规避突防策略 ··· 024
2.1 GBI作战特点及制导分析 ··· 024
2.1.1 GBI拦截作战原理 ··· 024
2.1.2 GBI拦截作战过程及制导分析 ··· 025
2.1.3 GBI拦截作战时序分析 ··· 026
2.1.4 GBI战术技术性能 ··· 027
2.1.5 EKV战术技术性能分析 ··· 028
2.2 GMD弹道中段拦截时空分析 ··· 029
2.2.1 GMD拦截时空分析 ··· 030
2.2.2 EKV拦截作战性能特点分析 ··· 032
2.3 弹道中段机动变轨突防对策 ··· 033
2.3.1 在EKV自由段机动，使EKV红外导引头失去目标 ··· 034

2.3.2　在EKV自由段机动，使零控脱靶量大于EKV末制导机动能力 ……… 037
　　2.3.3　在EKV末制导段机动，使EKV因过载限制而增大脱靶量 ……… 038
　　2.3.4　进攻弹头实施两次机动变轨的规避策略 ……………………………… 042
2.4　本章小结 …………………………………………………………………………… 044
参考文献 ………………………………………………………………………………… 044

第3章　两种中末制导交接班情况下的拦截器制导方法 …………………… 047

3.1　引言 ………………………………………………………………………………… 047
3.2　EKV拦截制导问题描述 …………………………………………………………… 048
　　3.2.1　概念说明 …………………………………………………………………… 048
　　3.2.2　EKV拦截制导性能分析 …………………………………………………… 049
　　3.2.3　EKV拦截策略分析 ………………………………………………………… 050
3.3　基于预测拦截点的EKV最短拦截时间导引方法 ………………………………… 054
　　3.3.1　拦截过程运动分析 ………………………………………………………… 054
　　3.3.2　新型最优制导律的推导 …………………………………………………… 056
　　3.3.3　过载及拦截精度对制导律的影响分析 …………………………………… 057
3.4　EKV基于最短剩余飞行时间拦截制导模型 ……………………………………… 058
　　3.4.1　EKV轨控发动机开/关机时机建模 ………………………………………… 058
　　3.4.2　EKV轨控推力方向控制模型 ……………………………………………… 059
　　3.4.3　拦截制导仿真 ……………………………………………………………… 061
3.5　进攻弹头在EKV自由段规避突防方案可行性与有效性分析 …………………… 064
　　3.5.1　零控脱靶量模型的建立 …………………………………………………… 064
　　3.5.2　进攻弹头在EKV自由段规避突防效果分析 ……………………………… 066
3.6　本章小结 …………………………………………………………………………… 067
参考文献 ………………………………………………………………………………… 068

第4章　进攻弹头在EKV末制导段规避突防过载分析 ……………………… 071

4.1　引言 ………………………………………………………………………………… 071
4.2　EKV按比例导引拦截进攻弹头机动过载需求分析 ……………………………… 073
　　4.2.1　EKV圆轨道拦截机动目标问题描述 ……………………………………… 073
　　4.2.2　EKV按圆轨道拦截时进攻弹头成功突防所需过载建模 ………………… 074
　　4.2.3　EKV按圆轨道拦截时进攻弹头所需过载分析 …………………………… 076
4.3　EKV按预测前置角拦截进攻弹头机动过载需求分析 …………………………… 078
　　4.3.1　进攻弹头轴向机动时机动过载需求分析 ………………………………… 078

4.3.2　进攻弹头法向机动时机动过载需求分析 ………………………… 082
　　4.3.3　进攻弹头在 EKV 末制导段机动效果分析 ……………………… 085
4.4　本章小结 …………………………………………………………………… 086
参考文献 ………………………………………………………………………… 086

第 5 章　基于遗传算法的轨控发动机规避参数最优控制 ……………………… 089

5.1　引言 ………………………………………………………………………… 089
5.2　机动规避参数优化设计总体分析 ………………………………………… 090
5.3　进攻弹头机动规避效果评估模型 ………………………………………… 092
　　5.3.1　轨控发动机控制参数的零控脱靶量计算模型 …………………… 092
　　5.3.2　交会点参数的计算 ………………………………………………… 098
5.4　基于遗传算法的进攻弹头机动规避参数优化设计 ……………………… 103
　　5.4.1　进攻弹头机动规避的优化目标与约束条件 ……………………… 103
　　5.4.2　遗传算法设计 ……………………………………………………… 106
5.5　仿真算例 …………………………………………………………………… 108
5.6　本章小结 …………………………………………………………………… 111
参考文献 ………………………………………………………………………… 111

第 6 章　二次机动规避弹道优化及落点精度控制 ……………………………… 114

6.1　问题的提出 ………………………………………………………………… 114
　　6.1.1　再次机动规避问题的描述 ………………………………………… 114
　　6.1.2　第一次机动规避所产生的落点偏差分析 ………………………… 119
　　6.1.3　二次机动的弹道参数优化设计的总体思路 ……………………… 120
6.2　机动引起落点偏差的计算模型 …………………………………………… 121
　　6.2.1　机动引起落点偏差的描述 ………………………………………… 121
　　6.2.2　机动规避引起纵向偏差的计算模型 ……………………………… 123
　　6.2.3　机动规避引起横向偏差的计算模型 ……………………………… 125
　　6.2.4　第二次机动规避产生落点偏差的计算 …………………………… 125
6.3　进攻弹头再次机动时脱靶量的计算模型 ………………………………… 128
　　6.3.1　小推力情况下进攻弹头脱靶量计算模型 ………………………… 128
　　6.3.2　大推力情况下进攻弹头脱靶量计算模型 ………………………… 128
6.4　再次机动规避参数优化 …………………………………………………… 130
　　6.4.1　再次机动规避参数设计的优化模型 ……………………………… 130
　　6.4.2　算法设计 …………………………………………………………… 130

XIII

6.5 本章小结 ·· 134
参考文献 ··· 134

第7章 机动规避仿真与结果分析 ·· 135

7.1 仿真假设及初始参数设定 ·· 135
    7.1.1 仿真假设 ·· 135
    7.1.2 仿真初始参数设定 ·· 135
7.2 突防拦截过程仿真 ·· 137
    7.2.1 进攻弹头初始无控弹道 ·· 137
    7.2.2 EKV初始拦截弹道仿真 ·· 139
7.3 进攻弹头二次机动规避控制仿真 ······································ 149
    7.3.1 进攻弹头第一次机动仿真 ······································ 149
    7.3.2 EKV末制导段机动时刻及第二次拦截点的计算 ············ 151
    7.3.3 进攻弹头第二次机动规避控制 ································ 155
7.4 仿真结论 ·· 158
7.5 本章小结 ·· 159
参考文献 ··· 160

Contents

Chapter 1　Introduction ·· 001
1.1　Introduction ·· 001
1.2　Current status and development of anti-missile and penetration
　　　techniques ··· 002
　　　1.2.1　Current situation and development of missile defense systems ······ 002
　　　1.2.2　Current situation and development of penetration technology ······· 005
1.3　Current status of domestic and foreign research on maneuvering
　　　penetration in middle of ballistic trajectory ·· 009
　　　1.3.1　Current situation of maneuvering penetration strategic studies in
　　　　　　 the middle course of ballistics trajectory ·· 009
　　　1.3.2　Current situation of guidance control research for penetration and
　　　　　　 interception ·· 012
　　　1.3.3　Current situation of ballistic missiles' circumventing penetration
　　　　　　 planning technology ··· 015
1.4　Objectives, ideas and main contents of this book ······························· 017
　　　1.4.1　Main objectives ·· 017
　　　1.4.2　Research ideas ·· 017
　　　1.4.3　Main content ·· 019
References ··· 019

**Chapter 2　Penetration strategy of maneuvering circumventing in the
　　　　　　　middle of ballistic trajectory** ··· 024
2.1　GBI Operational characteristics and guidance analysis ······················ 024
　　　2.1.1　GBI Interception operations principle ··· 024
　　　2.1.2　GBI Interception operations process and guidance analysis ········· 025
　　　2.1.3　GBI Interception combat timing analysis ····································· 026
　　　2.1.4　GBI Tactical and technical performance ······································· 027

  2.1.5 EKV Tactical and technical performance analysis ········· 028
2.2 Space-time analysis of intercepts in mid-course of ballistic trajectory of GMD ··· 029
  2.2.1 GMD Interception temporal and spatial analysis ············· 030
  2.2.2 Performance characteristics analysis of EKV interception operations ··· 032
2.3 The penetration countermeasures of maneuver orbital change in the mid-course of ballistics trajectory ··· 033
  2.3.1 Maneuvering in the EKV free segment makes EKV's infrared seeker to lose target ·· 034
  2.3.2 Maneuvering in the EKV free segment makes the zero-effort miss greater than the EKV terminal guidance maneuvering capability ······ 037
  2.3.3 Maneuvering at EKV terminal guidance segment makes miss distance increase due to EKV overload restrictions ············· 038
  2.3.4 Circumvention strategy of implementting twice maneuvering trajectory changes for offensive warhead ·························· 042
2.4 Summary of this chapter ··· 044
References ·· 044

Chapter 3 Research on the guidance method of interceptors in the case of two middle-end guidance shift ········· 047

3.1 Introduction ··· 047
3.2 Description of EKV interception guidance problem ············· 048
  3.2.1 Concept note ··· 048
  3.2.2 EKV intercepting guidance performance analysis ············· 049
  3.2.3 EKV interception strategy analysis ····························· 050
3.3 EKV shortest interception time guidance method based on predictive interception points ··· 054
  3.3.1 Motion analysis of interception process ························ 054
  3.3.2 Derivation of new optimal guidance law ······················· 056
  3.3.3 Analysis on the influence of overload and interception accuracy on the guidance law ··· 057

3.4　EKV Interception guidance model based on minimum residual flight time ……………… 058
　　3.4.1　EKV trajectory-controlled engine On/Off timing modeling ………… 058
　　3.4.2　EKV trajectory-controlled thrust direction control model ………… 059
　　3.4.3　Intercepting guidance simulation ……………… 061
3.5　Analysis on the feasibility and effectiveness of circumventing penetration scheme for offensive warhead in EKV free section ………… 064
　　3.5.1　Establishment of zero effort miss model ……………… 064
　　3.5.2　Analysis on the effect of circumventing penetration for offensive warhead in EKV free section ……………… 066
3.6　Summary of this chapter ……………… 067
References ……………… 068

Chapter 4　Analysis on the overload of offensive warhead circumventing penetration in terminal guidance section of EKV ………… 071

4.1　Introduction ……………… 071
4.2　Maneuvering overload requirements analysis of EKV by proportionally guided intercepting offensive warhead ……………… 073
　　4.2.1　Description of EKV intercepting maneuvering target by (along) circular track ……………… 073
　　4.2.2　Modeling of required overload for penetration projectiles successful penetration when EKV intercept by circular orbit ………… 074
　　4.2.3　Required overload analysis of penetration projectiles when EKV intercept by circular orbit ……………… 076
4.3　Offensive warhead maneuver overload requirements analysis when EKV intercept at predicted leading angle ……………… 078
　　4.3.1　Analysis of maneuver overload demand of offensive warhead in axial-maneuvering ……………… 078
　　4.3.2　Analysis of maneuver overload demand of offensive warhead in forward-maneuvering ……………… 082
　　4.3.3　Analysis of maneuvering effect of offensive warhead in EKV terminal guidance section ……………… 085
4.4　Summary of this chapter ……………… 086
References ……………… 086

Chapter 5 Optimal control of circumvention parameters of track-controlled engine based on genetic algorithm ⋯⋯ 089

5.1 Introduction ⋯⋯ 089
5.2 General analysis of optimization design of maneuver circumvention parameters ⋯⋯ 090
5.3 Evaluation model of maneuver circumvention effect of offensive warhead ⋯⋯ 092
 5.3.1 Zero effort miss calculation model for control parameters of trajectory control engine ⋯⋯ 092
 5.3.2 Calculation of intersection point parameters ⋯⋯ 098
5.4 Optimal design of maneuver circumvention parameters of penetration projectiles based on genetic algorithm ⋯⋯ 103
 5.4.1 Optimal aim and constraints condition of maneuver circumvention of offensive warhead ⋯⋯ 103
 5.4.2 Genetic algorithm design ⋯⋯ 106
5.5 Simulation examples ⋯⋯ 108
5.6 Summary of this chapter ⋯⋯ 111
References ⋯⋯ 111

Chapter 6 Twice maneuvering circumvention ballistic trajectory optimization and precision control of impact point ⋯⋯ 114

6.1 Question raised ⋯⋯ 114
 6.1.1 Description of re-maneuver circumvention problem ⋯⋯ 114
 6.1.2 Analysis of the impact point deviation produced by first maneuver circumvention ⋯⋯ 119
 6.1.3 General idea of optimization design of ballistic trajectory parameters for twice maneuver ⋯⋯ 120
6.2 Calculation model of impact point deviation caused by maneuver ⋯⋯ 121
 6.2.1 Description of impact point deviation caused by maneuver ⋯⋯ 121
 6.2.2 Calculation model of longitudinal deviation caused by maneuver circumvention ⋯⋯ 123
 6.2.3 Calculation model of lateral deviation caused by maneuver circumvention ⋯⋯ 125

  6.2.4 Calculation of impact point deviation from second maneuver circumvention 125
6.3 Calculation model of miss distance when offensive warhead maneuver again 128
  6.3.1 Calculation model of miss distance of offensive warhead in the case of small thrust 128
  6.3.2 Calculation model of miss distance of offensive warhead in the case of large thrust 128
6.4 Re-maneuvering circumference parameter optimization 130
  6.4.1 Optimization model of Re-maneuvering circumvention parameter design 130
  6.4.2 Algorithm design 130
6.5 Summary of this chapter 134
References 134

Chapter 7 Simulation and results analysis of maneuver circumvention **135**

7.1 Simulation hypothesis and initial parameter setting 135
  7.1.1 Simulation hypothesis 135
  7.1.2 Simulation initial parameter setting 135
7.2 Simulation of penetration interception process 137
  7.2.1 Penetration projectiles initial uncontrolled ballistic trajectory 137
  7.2.2 EKV Initial interception simulation 139
7.3 Simulation of control of offensive warhead twice maneuver circumvention 149
  7.3.1 First maneuver simulation of offensive warhead 149
  7.3.2 Calculation of EKV terminal guidance section maneuvering time and second intercept point 151
  7.3.3 Offensive warhead second maneuver circumvention control 155
7.4 Simulation conclusion 158
7.5 Summary of this chapter 159
References 160

第 1 章
绪　论

1.1　引言

随着现代军事技术的不断发展，弹道导弹反导与突防的较量日益激烈。自 20 世纪 60 年代，美、苏率先发展弹道导弹防御技术至今，以 PAC-3 为主要拦截手段的反导系统已经能够对再入段的常规弹道导弹实施拦截[1]；至于战略导弹的反导攻防对抗，目前则集中在弹道中段[2]，将来空基/天基导弹防御系统建成后，还将进一步延伸到助推段/上升段[3]。在这种情况下，发展多种突防手段以提高弹道导弹的生存能力，对于确保弹道导弹作战效能的发挥显得尤为必要。

当前，提高弹道导弹突防能力的措施有许多种，如隐身技术、雷达干扰、抗核加固、多弹头技术、弹头诱饵、变轨机动、宽正面阵地部署、多方向大角度攻击及多发齐射等。在上述突防手段中：有些突防措施，例如抗核加固、隐身技术等的设计是在武器定型前就已经设计好的，是导弹突防作战中的非决策因素；有些突防措施，例如诱饵抛撒的个数与时机、机动变轨的时机与机动方案的设计、分导或全导弹头释放的时机、饱和攻击时齐射导弹的枚数、发射时机及发射地域的选择等，则需要在作战过程中根据实际的突防环境进行规划设计，这些突防措施中的关键变量如何决策对于提高导弹突防效果影响重大。

本书将上述各种突防手段划分为技术突防和战术突防两大类。技术突防是指由航天工业部门在武器的设计和研制阶段就已经完成了的突防手段，它是提高弹道导弹武器突防能力的主要方式。技术突防主要包括隐身技术、雷达干扰、抗核加固、多弹头技术、弹头诱饵和变轨机动等。战术突防则是指在武器生产定型之后，在不变动导弹武器系统硬件的前提下，由武器的使用者从作战使用的角度所提出的各种突防对策和手段的总称。也就是说，战术突防需要就不同突防对象、不同突防环境采取相应的突防措施，它是对弹道导弹武器系统技术突防的一种重要补充和完善。

新型远程弹道导弹为提高中段突防效果，拟发展具有自主突防能力的智能化机动弹头技术。该项突防技术需要解决的核心技术之一是机动弹头能够针对敌方拦截器的特点与运动规律，自主、快速制定最有效的机动躲避方案。为此，弹载计算机需要分析具体的突防环境、突防对象，并结合导弹制导、控制系统及精度要求等约束条件，对包含进攻弹头机动方式、机动时机、机动方向等多项涉及变轨机动方案的突防决策变量进行综合规划，设计出满足成功突防脱靶量要求和落点偏差控制要求的机动突防方案。在此基础上，进一步研究弹道中段机动规避的进攻弹头道规划与制导控制方法。

因此，本书将从武器作战使用的角度，主要就弹道中段机动规避突防这个与实际作战环境密切相关的问题展开研究。完成进攻弹头变轨机动智能规避策略设计、规避效果评估及弹道回归控制在内的弹头机动规避参数的合理优化，并提供具有良好鲁棒性、柔性的机动规避智能决策算法，以获得最大的综合突防效果。

1.2 反导与突防技术现状和发展

1.2.1 导弹防御系统的现状与发展

美国发展导弹防御系统已有60余年历史，从最初的"奈基-宙斯"系统、"卫兵"系统、"战略防御倡议"，到"防御有限打击的全球保护系统"和"弹道导弹防御"计划，导弹防御系统一直是美国军队建设的重点之一。目前，对来袭导弹实施助推段、中段和末段多层拦截的陆、海、空、天基全方位导弹防御体系已基本成形[4]，以机载/天基激光武器拦截和动能拦截弹拦截为主要拦截手段的拦截武器已经具备有限作战能力。

所谓动能拦截弹，又称为动能杀伤武器，其技术起于美国，始于20世纪70年代。40多年来，美国先后通过实施10余项重大动能拦截器防御计划，极大地推动了该技术的发展。目前，动能拦截弹技术已基本成熟，在研和现役的动能拦截弹，包括地基拦截弹、"标准"3（SM-3）导弹、末段高层区域防御（THAAD）拦截弹及"爱国者"（PAC-3）等已初步具备实战能力并开始进入部署阶段[5-7]。可以预见，随着动能拦截弹技术的日趋成熟，动能拦截弹必将成为当前和今后很长一段时期内弹道导弹防御领域的主导武器。

考虑到远程弹道导弹在再入大气层后的再入速度远大于实施末段拦截的各种动能拦截弹,故末段拦截难度很大;而利用动能拦截弹实施助推段拦截,虽在相关技术上已经取得很大进步,但这种拦截弹主要还是考虑作为地基中段拦截弹被淘汰时的替代品,并在2008年被大幅度削减了研究预算[8]。因此,在众多的动能拦截弹中,目前真正对远程弹道导弹构成威胁的还是陆基拦截弹和海基拦截弹(即 SM-3)。其中:陆基拦截弹拦截距离为5600km以上,最大拦截高度为1800km[10],对在弹道中段飞行的远程弹道导弹威胁最大;海基拦截弹拦截距离为500km,拦截高度为160km,主要用于防御射程在3500km以下的中、近程弹道导弹[9]。鉴于此,本书把远程弹道在弹道中段突防的主要对象定位为"陆基中段防御(GMD)系统"[10],对于反导防御系统反导能力的现状与发展分析也是围绕GMD展开进行的。

GMD系统由大气层外动能拦截器(EKV)、GBI助推器、制导控制设备、计算机及识别软件、发射设备、地基雷达(GBR)地面支援设备,以及作战管理/指挥、控制、通信、计算机与情报(BM/C^4I)组成。其中,EKV装备了红外导引头,安装了双组元推进剂的轨控发动机和姿控发动机。轨控发动机用于控制飞行方向,提供导弹各方向的机动能力;姿控发动机则用于控制弹体俯仰、偏航和滚动,提高直接控制力矩,确保自主寻的快速响应能力。

弹道导弹升空后,DSP卫星(即"国防支援计划"卫星系统)等天基传感器通过捕捉导弹灼热尾焰的红外辐射来探测弹道导弹的发射,并提供通信中继和相关信息链传递等服务。第3代DSP预警卫星装备红外探测器、恒星敏感器、核爆炸辐射探测器、可见光电视摄像机和3副通信天线等,目前共有5颗在轨运行,主要监视东半球、欧洲、大西洋和太平洋。其中,主战卫星3颗、备份卫星2颗。主战卫星分别定点在太平洋(西经150°)、大西洋(西经37°)和印度洋(东经69°)上空,固定扫描监视除南北极以外的整个地球表面。DSP在洲际弹道导弹发射5min后即可报警,并预测其飞行弹道参数,对射程为8000~13000km、飞行时间约30min的洲际陆基和潜射弹道导弹,预警时间可达25min。当前,美国正计划以"天基红外系统"卫星代替"国防预警计划"卫星。"天基红外系统"包括高轨和低轨两部分。高轨部分的有效载荷于2006年搭载其他卫星发射入轨,性能表现超出预期。首颗地球同步轨道卫星于2007年7月完成首次热真空测试,2009年完成卫星的装配并已发射;低轨部分即"空间跟踪与监视系统"原计划2008年发射2颗试验型卫星,因故推迟1年发射。

按照GMD系统部署,分别在美国本土东海岸缅因州的奥蒂斯、西海岸加利福尼亚州的比尔、阿拉斯加州的克利尔、英国的菲代尔斯和北极附近丹麦格陵兰岛的图勒，部署5部改进的地基超视距预警雷达[3]，其工作频率为3~30MHz，可利用电离层对电磁波的折射效应，探测地平线与电离层之间整个空域的飞行目标。超视距预警雷达主要负责搜索从北方和东方对美国本土和加拿大南部实施攻击的洲际弹道导弹。

而部署在阿拉斯加前沿的X波段的辅助雷达，则主要用于获取洲际弹道导弹的助推数据，具有很高的角分辨率，可提供准确的导弹飞行中段目标数据，从而扩大了拦截导弹的作战空间。X波段的辅助雷达的任务是对目标进行监视、搜索、跟踪、识别、火力分配和对拦截弹制导。在拦截导弹发射之前，雷达搜索并捕获潜在目标，进行跟踪、估算弹道、辨识诱饵，在拦截导弹飞行过程中，雷达继续跟踪目标，获取更新的弹道和目标特征数据，通过BM/C^{4}I系统传送给拦截导弹。在拦截作战时，雷达继续监视作战区域，进行杀伤效果评定[11]。

北美防空司令部和美国空军航天司令部作战指挥中心设在科罗拉多州斯普林斯市西南海拔2233m的夏延山下400m深处，该指挥中心由1个防空指挥中心和情报、气象、空间监视、防空作战、空间防务和导弹预警控制6个分中心组成。

在美国研发陆基中段防御系统进程中，截至2009年，陆基中段拦截系统进行各类飞行试验共计30多次，它们分别是：助推器论证试验（BV-Boost Verification）6次，主要是论证助推器性能；整体飞行试验（IFT-Integrated Flight Test）19次，其中拦截试验13次、分系统试验6次，13次拦截试验中失败7次，另外6次成功表示试验达到预期目的，并不意味成功拦截，值得提出的是，作为诱饵的气球数一再减少，以减小目标辨识难度；飞行试验（FT-Flight Test）多次。为了加快拦截系统的研发速度，美国对这3类试验采用了平行推进的试验安排。BV试验与IFT试验在平行推进方面表现得更为明显。

在加大GMD系统研究的同时，美国自2004年年底开始，在阿拉斯加发射井中正式部署GBI，截至2009年年底已部署陆基中段拦截弹38枚，比2007年增加14枚[12]，其中，阿拉斯加格里利堡部署36枚，加利福尼亚范登堡空军基地2枚。此外，美国与波兰正式签署协议，计划在波兰部署10枚陆基中段拦截弹。美国加快导弹防御系统的研发与部署，这标志着美国针对战略导弹攻击的GMD系统具备了初步的作战能力并开始战备值班，这将对世界战略武器威慑平衡构成威胁，也增加了相关国家进行反拦截技术开发的紧迫感。

1.2.2 突防技术的现状与发展

面对中段拦截系统,当前主要突防手段有释放诱饵、弹道机动、电子压制、弹头增强加固、雷达及红外隐身、多弹头分导等[3,11]。由于本书主要研究机动突防,故对于上述各种突防技术,仅从反拦截技术与反识别技术两个领域做简要介绍。

1. 反拦截技术

反拦截技术是指为保护导弹或弹头不被敌防御系统拦截毁伤所采取的对抗技术。主要技术途径包括多弹头技术、抗核加固技术、抗激光技术、主动拦截技术及机动变轨技术等。从国内外公开的文献来看,对弹道导弹突防技术的研究也主要集中在反拦截技术上。图 1.1 所示是根据文献 [3] 归纳的 5 种比较常见的反拦截技术。

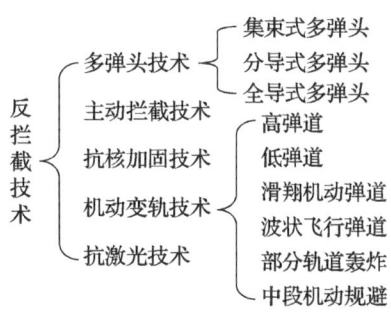

图 1.1 反拦截技术分类图

应该予以说明的是,图 1.1 中的机动变轨技术中的第 6 类"中段机动规避"是作者根据弹道中段机动突防技术研究的现状加上去的,在文献 [3] 原文中并没有这种提法。成书于 2003 年的刘石泉先生的专著《弹道导弹突防技术导论》是一部全面、系统介绍弹道导弹突防技术概念、方法和手段的专业论著,在介绍机动突防技术时,按全弹道变轨和弹道末段变轨两大类别,具体划分为低弹道、高弹道、机动滑翔弹道、波状飞行弹道及部分轨道轰炸技术 5 种基本方式,并没有把弹道中段的主动机动规避突防作为一种机动突防方式予以介绍,也从侧面说明了至少在 2003 年以前,国内外对于弹道中段的机动规避突防研究得很少。

2. 反识别技术研究概况

弹道导弹在飞行过程中,针对敌方防御系统对自身进行预警、探测和跟踪的卫星及雷达设备所采取的对抗技术,被统称为反识别技术。反识别技术的作用主要有[3]:

(1) 减少反导防御系统探测设备的探测距离;
(2) 削弱反导防御系统对导弹或弹头、诱饵的识别能力;
(3) 饱和反导系统的拦截,提高进攻导弹的突防能力。

目前,反识别技术主要包括隐身技术、诱饵弹头技术和电磁干扰技术。其具体的分类情况见图 1.2。

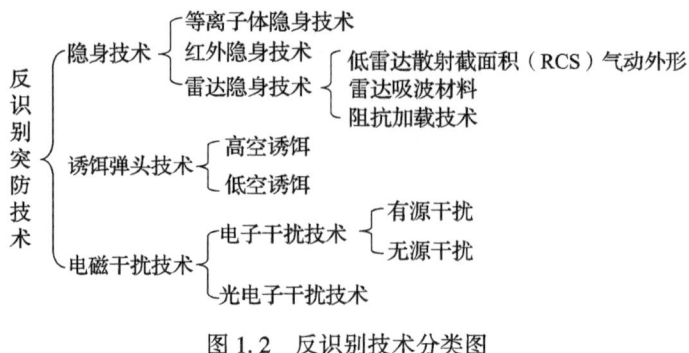

图 1.2 反识别技术分类图

3. 弹道中段主动规避式机动突防方法

按照文献 [3] 中对于机动突防（机动变轨）的定义，机动突防是指导弹在飞行中改变其弹道，以躲避反导系统拦截的一种突防技术，通常有全弹道变轨和弹道末段变轨两种。全弹道变轨主要采取低弹道、高弹道、机动滑翔弹道、部分轨道轰炸技术等；弹道末段变轨是当弹头再入大气层时，先沿预定弹道飞行，造成攻击目标的假象，后改沿另一弹道进入目标，由于弹头由变轨终点飞到目标的时间很短，可使反导系统来不及拦截。由于上述定义并没有涉及弹道中段的机动规避突防，为便于本书后续研究工作，现给出弹道中段机动规避的定义。所谓弹道中段机动规避，就是在弹道中段飞行过程中进攻弹头通过采取某种规避策略，使拦截弹的脱靶量达到指定量值之上，从而避免直接碰撞的一种机动突防方式。

弹道中段的机动规避又可以分为固定程序机动和主动规避式机动两种。所谓固定程序机动是指在何时开始机动变轨是在发射前预先计算好并将机动指令装订在弹上的。由于无法根据反导系统的实战部署灵活选择机动时机和机动方式，这种固定程序机动的方式在很大程度上降低了突防导弹的机动突防效果。目前在役的具有中段机动突防能力的俄制白杨-M，其弹道中段飞行方案就是采用程序机动方案[13]；我国的某型战略导弹也是采用固定程序机动方案，据相关单位的计算，该型战略导弹对于 GMD 的突防能力只有 XX%。在这种背景下，需要进一步发展具有自主突防能力的主动规避式机动突防技术。

主动规避式机动是指进攻弹头具有探测、识别和跟踪来袭动能拦截器的能力，可根据来袭动能拦截器的相对运动信息，制定弹头机动躲避策略，向姿控和轨控系统发出弹头机动指令，并在控制弹头完成机动躲避后，进行弹道的修正，以确保对预定攻击目标的精度要求。

发展具有自主突防能力的机动规避技术，需要解决的核心技术之一是机动弹头能够针对敌方拦截器的特点与运动规律，自主、快速制定最有效的机动躲避方案，并结合导弹制导、控制系统及精度要求等约束条件，对包含进攻弹头机动方式、机动时机、机动方向等多项涉及变轨机动方案的突防决策变量进行综合规划，设计出满足脱靶量要求和精度要求的机动规避制导控制方案。

由于本书主要研究主动规避式机动突防，因此，在研究之初，有必要对其中所涉及的相关概念予以说明。

1）机动方式

机动方式是指弹头发动机的工作模式，综合国内外现有弹道中段机动突防的既有研究成果，可以将机动方式划分为以下 4 种典型方式：连续机动、阶跃机动、正弦机动和方波机动。

（1）连续机动：是指开机时刻一旦确定，发动机将一直工作到突防拦截对抗结束或耗尽关机为止。这种工作模式适用于固体燃料的轨控发动机，其特点是一次开机，不可重复启动，比如大气层外杀伤拦截器用于末制导的轨控发动机就是采取这种连续机动拦截的模式[14-15]。

（2）阶跃机动：是指机动加速度与阶跃幅度和时间服从如下关系式：$a_T = n_T(t-T)$ [16]，其中 T 是机动开始时刻，n_T 是阶跃幅度，a_T 是机动加速度。这种机动方式实现起来比较简单，优点是可以灵活控制轨控发动机的开、关机时刻，规避效果较好，缺点是机动后弹道的落点偏差不太好控制。

（3）正弦机动：其机动加速度与时间的关系式为 $a_T = n_T[\sin\tilde{\omega}_T(t-T)]$；成型的网络传递函数可表示为 $H(s) = L(\sin\tilde{\omega}_T t) = \dfrac{(1/\tilde{\omega}_T)}{(1+s^2/\tilde{\omega}^2 T)}$ [16]。这种方式消耗燃料多，而且对于发动机的要求较高。

（4）方波机动：可以划分为两种方式。第一种方波机动是一种完全随机型机动，机动开始时间为零，目标执行正的最大机动加速度 n_T 或负的最大机动加速度 $-n_T$，使得每秒的符号改变次数服从泊松分布，且每秒符号改变的平均次数是 v [17]，成型的网络传递函数可表示为 $H(s) = 1/(1+s/2v)$。这种方式由于其随机性，突防效果比较好，主要问题是燃料消耗过大。第二种方波机动是周期相对确定型机动，导弹只在侧向平面产生机动加速度 $a_T = a_{\max}D(t)$，其中 $D(t)$ 是幅值为 1 的方波函数[18]。考虑到节省燃料和保证射程的因素，导弹一般只机动 1 个周期 T（T 小于总的可用机动时间）。这种机动方式需要对机动开始和机动结束时间 t_1、t_4（是视线距的函数），正向和反向机动的持续时间 t_2、t_3 进行规划，以保证机动一个周期后基本能回到非机动弹道上来，从而确保落点精度。

以上仅仅是对已有机动突防研究成果进行系统整理后归纳总结得到的4种主要机动方式，实际上的突防机动方式（或机动方案）远不止这些。各种突防方式的提出往往有其特定的突防背景，而各种机动方式的有效性也是和具体的突防对象、突防作战环境和自身的机动性能密切相关的。由于机动规避方案是进行突防规划与控制研究的基础，突防方案的合理性与有效性直接决定突防规划与控制研究的成败，因此，在确定远程弹道导弹机动突防方案时，不能轻信盲从，而应分析远程弹道导弹具体的突防作战环境、突防对象，并结合突防导弹自身突防条件研究确定最有效的机动方式。

2）机动时机

在本书中机动时机主要指飞行器轨控发动机开始工作时刻、工作持续时间和关机时刻的统称。

3）机动方向

机动方向则是指轨控发动机推力方向相对于某一参照系的方向，常用的参照系可以选择发射坐标系、地心大地直角坐标系（笛卡儿坐标系）或视线坐标系等。比如，选取突防导弹的发射坐标系作为参照系时，进攻弹头轨控发动机推力方向可以用推力在射击平面内的投影与发射系 X 轴的夹角（推力倾角）和推力与射击平面的夹角（推力偏角）两个角度来描述。

4. 突防技术的发展趋势

综上所述，随着弹道导弹的突防与反导拦截对抗技术的不断发展，弹道导弹突防研究的发展趋势具有以下特点。

（1）反拦截技术正由被动式突防向主动式突防发展。目前阶段的弹道导弹突防与反导拦截技术的较量中，较成熟的突防技术较多部分为被动式突防技术，如简单的单用途惯性诱饵、单一雷达隐身等。随着防御技术的不断改进，将会出现更复杂和多功能的主动式突防措施与之匹敌。例如主动诱饵和智能化机动弹头，前者能根据不同的雷达防御威胁环境，发射不同频率、不同强度的电磁波，以冒充雷达回波来迷惑敌人，后者能根据拦截对象的相对运动信息，自主规划规避突防弹道，并完成对姿控和轨控系统的智能控制。

（2）先进的突防技术是突防的基础，而得当的突防战术运用能使突防技术发挥更大的作用，故在进行弹道导弹的突防研究时，应将突防技术与突防战术合理融合。如反拦截类突防措施的饱和攻击基本上属战术范畴，多弹头突防及弹道选择也有战术成分，机动躲避（变轨、滚动、螺旋）也体现了战术考虑，等等。

（3）单一突防措施已经难以满足突防作战的实际需要，多突防措施的综合突防必将成为下一步弹道导弹突防研究的重点。如具有雷达隐身性能的弹头可同时具有红外隐身，其突防概率将获得很大提高。组配使用的技术战术越多，其应付各种防御系统威胁的能力就越高，主动性能也越强，突防概率将越大。为追求最佳突防效果，应将各种单一的突防技术、战术组配使用。当然，这样对突防技术、突防战术，特别是技术的要求会很复杂，难度会更大。

此外，导弹突防技术还具有精确突防的发展特点。精确突防是指进攻导弹可以精确地探测到拦截导弹的方位，精确控制导弹的机动，用尽量小的机动来躲避导弹的拦截，精确导引导弹进行弹道修正。导弹精确突防还要求导弹机动性能要好，所耗费燃料要求最省，这些都是今后导弹突防技术的发展方向。

1.3 弹道中段机动突防国内外研究现状

机动突防作为弹道导弹最主要的突防手段，国内外对此早已进行过多年的研究。如现役的美国的"潘兴"-Ⅱ、法国的"飞鱼"及印度的"烈火"-3 等弹道导弹为提高突防能力也都采用了机动突防技术。但上述弹道导弹中的机动突防主要是指在重返大气层后实施再入段机动变轨，由于再入段变轨突防的突防对象、突防环境和弹道中段差异很大，故再入段变轨控制技术对于弹道中段机动突防的借鉴作用很小。目前，世界各国的战略导弹，如果要论谁在弹道中段机动变轨能力最强，还得首推俄罗斯的"白杨"-M。据称，该型导弹可根据打击区域反导系统防御能力的强弱，通过预先装定机动程序临机调整机动范围的大小。但由于资料的涉密性，我们很难进一步了解该型导弹具体的中段机动突防的技术方案。

正如 1.2.2 节中介绍当前反拦截技术中所指出的，弹道中段的机动规避式突防技术是在近期才开始研究的，从国内外公开发表的文献来看，可供查阅的资料极少。关于弹道导弹（机动）突防规划与控制的理论、方法与规划技术，也没有人进行过比较系统深入的研究。由于弹道导弹（机动）突防规划与控制研究涉及制导与控制、最优化理论与方法及任务规划技术等多学科应用技术，故在进行弹道导弹（机动）突防规划与控制的研究之初，有必要对相关领域的研究现状进行系统的梳理。在此，围绕弹道导弹机动突防规划的内容应如何确定、机动弹头在规避突防过程中应如何实现制导与控制，着重从弹道中段机动突防策略、进攻弹与拦截器的制导控制技术及规避突防技术 3 个方面介绍各领域的研究现状。

1.3.1 弹道中段机动突防策略研究现状

之所以要对机动突防策略（或机动突防方案）的研究现状进行归纳和总

结，是出于解决弹道中段机动规避突防策略（或方案）有效性的考虑。毕竟，首先确保机动规避突防策略的可行性，是进行机动突防弹道优化设计及制导控制等一系列后续工作的基础与前提。

国外对于弹道导弹机动突防策略的研究已经进行了较长时间，但大多集中在对再入段的突防与拦截上。如：Shinar 等早在 20 世纪 70 年代就对目标轨迹已知、拦截器燃料有限、推力有限情况下的最优拦截问题做了定性分析，通过采用最优控制和微分对策方法，重点研究了在拦截策略已知情况下，攻方的最优规避策略[19-20]；此后，在 20 世纪 90 年代又开展过战术导弹在大气层内突防策略方面的建模工作[21-22]；文献［23］研究了在双方机动过载受限情况下，对再入段盲目机动弹头的拦截概率；文献［24］研究了对具有机动能力的战术弹道导弹（TBM）弹头进行拦截的制导方法，得到了直接碰撞拦截的制导律等。上述研究都是以对机动目标在大气层内的拦截与突防为研究背景的，对大气层外机动规避突防策略的研究则涉及较少。从工程应用的角度上讲，一种好的机动规避突防策略需要考虑的因素有很多，不仅要考虑攻防双方之间的拦截/规避对策，更应该充分考虑双方飞行器机动过载、燃料消耗、成功突防（或成功拦截）对脱靶量的要求，对于进攻弹头而言，还应考虑突防后的落点偏差控制要求。然而，很可惜的是，在国外公开发表的文献资料中，很难查到如此具体的机动突防和拦截方面的著作，上述研究多是对攻防对抗问题基于最优控制或微分对策理论在方法层面的研究，对中段突防的规避/拦截策略较系统的研究则很少见。

国内近期对于弹道中段机动突防问题的研究可见于多篇学术论文及硕、博士学位论文中。对上述研究成果，可从拦截与机动规避突防两个方面加以归纳整理。

1. 国内关于拦截策略的研究状况

关于机动目标的拦截问题，国内韩京清[25] 曾在 20 世纪 70 年代用最优控制方法研究过目标轨迹已知、拦截器燃料有限和推力有限情况下战术导弹的最优拦截问题，但主要还是一些定性方面的分析。具体到对于 GBI 和拦截器拦截策略和拦截能力的研究，国内也有多家单位进行过。如，张兵曾对大气层外动能拦截器末制导段性能进行过研究[26]。至于拦截器拦截策略的研究则发表的论文颇多，大多集中在拦截器导引律的改进研究[27-30] 上，这方面的研究成果，为我们进一步深入研究利用拦截器制导性能弱点进行机动规避突防方案的设计提供了重要依据。

2. 国内关于机动突防策略的研究状况

关于进攻弹头机动突防策略的分析研究，国内已经开展了一些相关工作。

其归纳起来有以下 3 个方面。

一是进行过各种机动突防方式有效性的研究论证工作。如，姜玉宪教授曾进行过摆动式突防[31-32]及末制导段的规避控制策略[33-34]等方面的研究。此外，文献［35-37］先后针对摆动式机动、正弦机动、阶跃机动及方波机动等机动方式进行过研究，但由于没有充分考虑突防作战的环境条件和进攻弹头本身的各种限制条件，有些突防策略是否可行，还需要做更进一步的讨论。

二是针对进攻弹头如何利用拦截器机动性能弱点，开展在 EKV 末制导段实施有针对性的机动突防方面的研究工作。这方面的工作主要由国内一些院校的研究生在其学位论文中完成。其中，赵秀娜针对弹道导弹在大气层外的机动突防问题，引入人工智能的相关理论，研究了进攻弹具有自适应性和鲁棒性的智能规避策略[13]，并重点研究了阶跃机动方式下、1.5s 剩余时间开始机动和机动持续 1s 等假定情况下，进攻弹头机动方向的确定方法问题。张磊、崔静、罗珊等人在研究战略导弹弹道中段机动规避突防时，提出旨在利用拦截器机动过载易饱和的弱点而在拦截器末制导段内实施机动突防的两种策略：①通过破坏拦截弹视线角速度稳定性而增大脱靶量；②进攻弹头依靠更大的机动过载实施成功突防，并分别从方波机动、摆动式机动及正弦机动 3 种机动方式角度研究了进攻弹头机动周期、机动时机等因素对突防概率的影响[35-37]。在战略导弹中段高空机动规避突防策略可行性的判断标准上，上述文献也曾提出过具体的判断标准，主要有 3 条：①要达到成功突防所需要的脱靶量；②能够控制落点偏差，弹着点中心散布误差增加量要小于原圆概率偏差的 20%；③能够控制射程缩小量，一次机动后射程减小量应不高于 5%。但是，上述突防策略可行性的研究忽略了一个重要方面，即突防轨控发动机对最大机动过载的限制条件。事实上，进攻弹头要实现同一枚机动弹头能够在弹道中段成功规避多枚拦截弹的拦截，将不得不采取液体燃料的轨控发动机，这是因为液体燃料发动机具有灵活控制开/关机次数的优势。但液体燃料的轨控发动机所产生的轨控推力较小，如果上述机动规避突防策略成功突防所需的机动过载超过了液体轨控发动机所能产生的最大实际机动加速度，则其机动规避策略将不具有可行性，只能重新研究新的机动规避方案。

三是对远程弹道导弹在中段机动规避机动方向的选择问题上进行过一些研究工作。虽有多篇论文开展过该问题的讨论，但目前各方面意见莫衷一是，没有形成定论。如：文献［38］主张远程进攻弹头进行法向机动最有利于突防，认为弹头法向机动方案能够大大提高弹头的突防性能，并指出采用该方案后，通过导航制导控制规律的设计还有可能提高弹头落点精度；文献［39-40］主张进攻弹头进行侧向机动，认为侧向机动能提高大侧偏情况下导弹的机动效果，同时导弹的过载能力能得到充分发挥；文献［18］则主张进行横向机动，突防方案被设计成通过横向机动一个周期 T（T 小于推进剂所能提供推力时间的最大值），使其机动完毕后能基本回到非机动弹道上来，从而保证落点精度。上述研究做得都很深入，也具有一定的理论价值，但是也存在待改进之处，在突防策略可行性分析、机动方式有效性评价等问题上还没有得到很好的解决。

3. 弹道中段机动突防策略研究总结

综合上述分析，可以将国内外对弹道中段机动突防策略研究情况概括如下：

（1）目前，国内外对于进攻弹头机动规避突防时机，都选择在拦截器末制导段内进行机动变轨，而拦截器的末制导段正是拦截器机动能力最强的阶段，进攻弹头选择在该阶段内机动突防，正好使拦截器在机动过载及燃料载荷等方面所具有的优势得以充分发挥，而进攻弹头要实现成功突防则需要很高的机动过载。

（2）目前研究弹道中段进攻弹头机动规避的方式主要有持续机动、方波机动、摆动式机动及正弦机动等，无论采取上述机动规避中哪一种机动方式，成功突防对于进攻弹头机动过载的要求都很高。各种突防方式成功突防所需的机动过载是否符合进攻弹头液体轨控发动机实际，还需要做进一步的分析论证工作。

（3）进攻弹头选择不同方向机动对于脱靶量的计算确有显著影响，但机动方向的选择不仅应考虑成功突防的脱靶量要求，还应考虑拦截器的拦截策略及弹道的回归控制。

可见，在进行弹道中段机动规避策略（方案）的论证研究时，有必要从深入分析拦截器拦截作战的制导控制弱点入手，有针对性地发展适合液体小推力轨控发动机的新型机动规避突防策略（方案）。

1.3.2 突防与拦截制导控制研究现状

之所以要对突防与拦截制导控制的研究现状进行综述性分析，主要有两方面原因：一是希望能够从制导控制角度分析拦截器拦截作战的性能和弱点，从制导控制角度寻求克制动能拦截弹规避突防的有效策略，从而改变单纯在拦截器末制导段内依靠与拦截器比拼机动性能突防的"笨"办法；二是任何突防或拦截的最优策略，最终都会以制导控制的形式来实现。因此，研究突防与拦截的制导控制，既是出于对机动规避突防策略深化研究的需要，又是为了保证机动策略（方案）能够顺利实现。

1. 国内外关于 GBI 拦截制导的研究现状

按照设计，GBI 拦截作战的制导过程被划分为程序飞行段、初制导段、自由飞行段、中制导段和末制导段。对于上述 5 个阶段的制导飞行过程，国内外研究最多的是中制导和末制导段。

中制导律的研究已被众多学者所探讨，如：文献 [41] 研究了假设两飞行器间受到等重力影响时固定推进时间的最优控制问题，得到了闭环最优控制的解析表达式，但在相对距离较大的拦截问题中，这种中制导方案的制导性能会大打折扣；Newman 在研究零控脱靶量（ZEM）方面做出了贡献，提出了零重力、常重力、线性模型、二次方模型和线性化反二次方模型 5 种大气层外两飞行器间重力差的简化模型[42-43]。考虑到拦截弹用于中制导的第三级发动机可能是采用耗尽关机的固体燃料发动机，推力大小及关机时刻无法随机调整，为使关机时拦截弹处于或接近零控拦截流形，国内外研究了多种基于零控脱靶量的中制导律。如：Brett Newman 按照将推力分解到视线力和零控脱靶矢量的垂直视线分量两个方向，通过分配比例进行系数调节的方法，给出了基于顶测零控脱靶量的中制导律[43-44]；文献 [42-45] 给出了一种基于当前状态零控脱靶量的制导律，零控脱靶量可看作是当前状态与零控拦截流形偏差的描述，因此，该制导律实质是一种反馈控制；文献 [46] 采用简化的重力加速度差模型，研究了基于剩余速度增量的拦截弹的中制导律；文献 [47] 运用二次方反比引力模型，将制导推力方向分解到视线方向和垂直视线方向，得到一种对推力参数鲁棒的中制导律。上述研究都是针对拦截弹如何提高中制导精度展开的研究，其研究关注点多集中在精确中制导和先进控制方法方面；但从反拦截角度来说，我们更关注中制导段目标机动对拦截器末段拦截的影响，而这方面的研究成果却很少见到。

中制导结束后，杀伤器将进入自寻的末制导段。关于杀伤器末制导的研究同样很多，主要涉及对比例制导律性能的探讨及制导律的改进研究。由于制导律是制导目的的直接体现，总是服务于某种拦截策略的，因此，在总结杀伤器的制导律时，不得不联系杀伤器的拦截策略。文献 [48-51] 等引入现代控制理论，研究了一系列用于实现拦截的新型末制导律，如微分对策制导律[48-49]、基于反馈精确线性化的末制导律[50]、离散非线性末制导律[51]、基于脱靶量分析的最优制导律等。在众多的拦截律研究中，以优化理论为基础设计的预测拦截点直接拦截方法和杀伤器实际拦截背景最为接近，我们着重分析该制导律的研究情况。

以优化理论为基础的寻的系统制导律设计一直被广泛应用于精确制导领域，国内外运用最优化控制理论研究拦截器基于预测拦截点的拦截制导问题也已经进行了一段时间。如 L. P. Tsao 和 C. S. Lin 等曾在 2000 年研究过非线性拦截系统最短时间制导问题[52]，指出在寻的制导段，最短拦截时间的拦截方向应是（预测拦截点）命中点的视线方向。国内西北工业大学的侯明善又在此基础上，研究了指向预测命中点的最短时间制导指令的算法实现问题[53]。以上关于拦截器最短时间制导问题的研究都很深入，都是基于拦截器在中末制导交接班时，零控脱靶量较小背景下展开研究的（即中末制导交接班符合末制导条件要求）。然而，从规避突防的角度上讲，我们关心的是在中末制导交接班存在较大零控脱靶量情况下杀伤器的拦截制导问题。对于存在较大脱靶量情况下的末制导拦截问题的研究，国外近期提出了基于逻辑的估计制导新算法[54]，该算法使用拦截剩余时间概念，结合拦截策略、信息模型和毁伤模型，建立了对战术导弹的拦截制导模型，对于弹道中段远程弹道导弹的拦截制导则没有涉及。

2. 国内外关于突防规避制导研究分析

相对于拦截器拦截制导方面的研究，弹道中段规避机动制导方面的研究成果则要少得多。为此，我们不得不扩大突防制导的搜索范围，将突防制导问题由中段扩大至再入段，希望能够从其他相关领域研究成果中获得有借鉴意义的研究思路。

关于突防制导问题（大气层内）的研究，目前，已取得了一定的进展。国外，Shinar 等建立了大气层内突防与拦截的二维运动模型，考虑进攻弹速度大小不变，拦截弹制导系统等效为一阶惯性环节且采用比例导引，并基于极大值原理推导了突防最优制导规律为 Bang-Bang 控制的形式[55]。文献［56］中假设对抗双方交战末段速度接近常数，采用解析法求解基于微分对策的高空机动规避策略，得出最佳推力矢量定向在制导平面垂直于视线的方向，导弹的突防制导规律采用逆比例导引。周荻、王大军等提出了一种用于导弹机动突防的滑模变结构导引律，但其应用背景主要还是空空导弹[57-58]。文献［18］建立了突防与拦截问题的三维运动学模型，设计了非线性规划求解机动突防中最优控制问题的数值算法。由于进攻弹头在弹道中段进行规避机动时，其液体轨控发动机产生的机动过载很小，加之机动时间较短，在机动时间段内，轨控推力可视为一个定向定值的常量，因此进攻弹头大气层外的规避制导问题相对于大气层内机动规避问题要简单一些，只要能确定机动时机和初始机动方向即可。

3. 拦截规避制导研究总结

综合上述分析，可以将国内外对弹道中段拦截/规避制导研究情况概括如下：

（1）尽管由于资料的保密性，我们还很难获知 GBI 中末制导交接班的具体情况，但动能拦截器在中制导段的精确寻的制导已经实现，能够在中制导结束后，将杀伤器送入到零控拦截流形区域；而拦截器一旦在中制导和末制导顺利完成交接班，进攻弹头将被迫在杀伤器的末制导段内展开，以比拼机动性能的机动变轨，由于进攻弹头在机动能力的各项指标上都处于显著劣势，故成功突防将更加困难。因此，从制导控制角度上讲，进攻弹头在设计规避机动突防方案时，应着眼破坏 GBI 中末制导交接班条件。

（2）客观地说，GBI 所设想的整个拦截制导过程，本身几乎是不存在破绽的，但这并不意味着实际突防与拦截对抗过程中作战对手不能在 GBI 制导环节上创造破绽。由于现代隐身技术、雷达干扰、多弹头技术、弹头诱饵及变轨机动等综合突防技术的发展，突防对手完全有可能打破 GBI 中末制导交接班时的条件，使 GBI 在中制导结束后出现较大零控脱靶量。至于打破 GBI 中末制导交接班条件后，对杀伤器拦截作战会产生什么样的影响，则有待深入研究杀伤器的制导方式后，才能形成明确的结论。

1.3.3 弹道导弹规避突防规划技术的现状

首先应予以说明的是，突防规划虽然是导弹武器作战运用中的一门较成熟的学科，但目前而言，其主要研究对象是巡航导弹的航迹规划。至于弹道导弹的突防规划，则是一个新事物，目前还只处于概念的提出阶段，对于弹道导弹突防规划的对象、具体内容和手段方法都没有形成一个明确的认识。由于本书并不是要完成弹道导弹突防规划完整理论体系的构建，只是希望在规避机动突防方案确定后，运用相关成熟的算法理论完成对包括规避突防弹道设计和轨控发动机主要参数优化控制在内的算法实现即可。基于上述考虑，本书在对弹道导弹规避突防规划技术进行综述分析时，将围绕弹道导弹规避突防的主要内容和算法技术来进行。

首先在参考巡航导弹航迹规划定义的基础上，给出弹道导弹规避突防规划技术的明确定义。弹道导弹规避突防规划技术是任务规划（Mission Planning）技术的重要研究领域，是随着远程精确制导武器发展起来的新兴专业技术，集系统使用与作战运用为一体，涉及飞行力学、制导与控制、人工智能等多领域、多学科的综合应用技术。其主要作用是，根据弹道导弹突防作战的任务要求，分析远程弹道导弹中段飞行的突防环境，结合导弹的制导、控制及轨控推力等约束条件，制订和规划满足突防要求和精度要求的突防弹道，并运用相关算法，完成对包含进攻弹头轨控发动机工作方式、工作时机、推力方向控制在内的多个突防变轨参数的优化控制，提高飞行器的突防概率和整体作战效能。

国内外近期对弹道导弹规避突防规划技术的研究主要围绕进攻弹头/拦截

器轨控发动机的机动方式、机动时机、机动方向对突防/拦截效果和落点偏差控制,目前已经取得了一些研究成果。如文献[59]以陆基中段某拦截弹为背景,研究了速度增量大小、方向和机动时刻对脱靶量和落点偏差的影响。文献[60]研究了突防对象为美国海基中段防御系统拦截弹"标准-3"的机动突防能力;文献[61]针对弹道导弹中段机动突防问题,在瞬时冲量假设下从理论上研究了速度增量大小、方向和机动时刻对零控脱靶量和落点偏差的影响。上述文献的有关结论和研究思路对弹道导弹规避突防规划技术提供了一定的借鉴作用,但是,上述研究多是基于脉冲推力的冲量变轨模型来进行的;然而,考虑到在进攻弹头实现轨道变化过程中,发动机推力大小有限,推进不可能在瞬间完成,特别是当进攻弹头容许过载较小情况下,实施轨道改变时,脉冲推力的冲量变轨假设将不再成立。因此,还需要采取新的方法研究有限推力情况下的规避机动的脱靶量计算、弹道回归控制等规避突防问题。

由于进攻弹头的变轨规避本质上属于轨道改变问题,因此,在探讨规避突防的规划算法时,主要还是对变轨机动的轨道最优设计的相关文献进行研究。在传统上,研究空间飞行器的变轨机动规划算法问题运用得较多的方法是基于梯度模型的传统优化方法和最优控制极大值原理方法。它不仅需要系统模型和性能指标函数连续且可导,还具有以下两点明显的不足:一是问题求解的收敛半径小,对求解初值的选取很敏感;二是对于复杂问题的求解容易陷入局部收敛[62-63]。上述缺陷使得在对安装有小推力液体轨控发动机的突防弹道进行变轨设计时,由于优化问题的复杂非线性,运用传统方法变得极其困难和低效。国内郗晓宁、秦化淑、王朝珠及王石等对于冲量轨道的拦截优化问题都做了深入探讨,提出利用代数方法和微分代数方法加以解决[64-66],但在求解复杂过程的拦截优化问题往往要经过一定的简化才能求得最终的解析解,且计算过程烦琐,对模型依赖性强。而随着计算机水平的提高,包括人工智能决策技术在内的各种求解最优控制问题的数值方法已经得到广泛应用。由于智能决策技术在求解复杂优化问题方面存在巨大潜力,已经在包括巡航导弹航迹规划在内的许多领域中得到成功应用[67-74],表现出优良性能。因此,如果能够考虑引入人工智能相关理论研究弹道中段智能规避规划技术,将是一条颇具吸引力的研究思路。

通过对弹道导弹规避突防规划技术现状的分析,可以得到如下结论:

(1)弹道导弹规避突防规划的理论方法远未成熟,还需要研究很多内容。如突防规划的主要内容有哪些?采用何种技术进行规划?机动突防方案能否满足导弹突防作战的战术、技术要求(如脱靶量、落点偏差、成功突防所需的过载要求及燃料消耗需求等)。

（2）规避突防的核心模型还没有建立。弹道导弹机动突防规划的关键是要找出描述规避机动突防效果的规避机动脱靶量计算模型和弹道回归控制模型，然后结合具体突防环境，分析中段机动突防的约束条件，才能建立合理的规划模型。由于不同的机动突防方案对突防规划与控制的要求是大不相同的，其脱靶量计算模型、机动弹道的规划模型及机动后弹道回归控制模型如何建立都有待研究解决。

（3）在算法实现技术上，需要寻找能够满足快速、自主决策的机动弹道控制的规划技术。

1.4 本书研究的目标、思路与主要内容

通过对国内外相关文献资料的综合分析，本书研究的主要目标及基本思路也就基本理清了。

1.4.1 主要目标

随着反导防御技术的快速发展和陆基中段导弹防御系统的加快部署，新型远程弹道导弹为提高中段突防效果，迫切需要发展具有自主突防能力的智能化机动弹头技术。因此，本书以研究机动弹头的自主、智能化机动躲避策略为基础，重点解决主动机动规避突防的弹道规划技术及机动控制技术。研究的主要目标概括为：①以陆基反导拦截系统为研究背景，在分析 GBI 拦截弹作战特点的基础上，针对其战术、技术性能弱点，有针对性地提出机动规避突防策略，并对这些策略的可行性和相对有效性进行对比分析；②根据具体的突防环境、突防对象，并结合导弹制导、控制系统及精度要求等约束条件，对包含进攻弹头机动方式、机动时机、机动方向等多项涉及变轨机动方案的突防决策变量进行综合规划，设计出满足脱靶量要求和精度要求的机动规避方案；③完成进攻弹头变轨机动智能规避策略设计、规避效果评估及落点偏差控制在内的弹头机动规避参数的合理优化；④采用人工智能算法研究弹道中段机动规避快速规划的理论方法，研究具有良好鲁棒性、柔性的机动规避智能控制算法。

1.4.2 研究思路

从弹道中段突防作战的实际要求出发，本书的主要目标是完成进攻弹头在安装液体燃料小推力轨控发动机背景下的弹道中段机动规避式突防方案的可行性和有效性的论证工作。所谓可行性是指各种机动规避突防方案对成功突防的机动过载要求及落点偏差控制的精度要求是否满足机动突防的实际需求；所谓

有效性是指如何从制导控制角度实现机动弹头的规避突防。本书拟根据如下思路开展研究工作：

一是在分析 GBI 拦截制导特点的基础上，提出利用 GBI 拦截制导弱点的机动规避突防的两套技术方案：①在拦截器末制导段内实施使拦截器过载饱和的规避方案；②避开拦截器机动能力最强的末制导段，而选择在拦截器末制导结束后实施机动规避的"二次规避"机动突防方案。

二是论证在动能拦截器末制导段机动规避方案的有效性，如果其机动过载超出进攻弹头轨控发动机最大推力，则放弃在动能拦截器末制导段内机动的方案。

三是论证"二次规避"机动突防方案的有效性，如果该方案对于成功突防的机动过载、燃料消耗和落点偏差精度控制都能满足突防作战的各项战技指标，则确认该方案的有效性。

四是研究"二次规避"机动突防方案制导控制的实现技术。选择进攻弹头燃料消耗最小为目标函数，以同时满足成功突防所需的突防脱靶量、落点精度要求及轨控推力为约束限制条件，建立相应的弹道优化设计数学模型，并研究具有良好鲁棒性的机动规避智能决策算法。

至此，也就基本完成了包括进攻弹头弹道中段规避式机动突防规避策略设计、规避效果评估及弹道回归控制在内的弹头机动规避参数的合理优化。本书研究总体思路见图1.3。

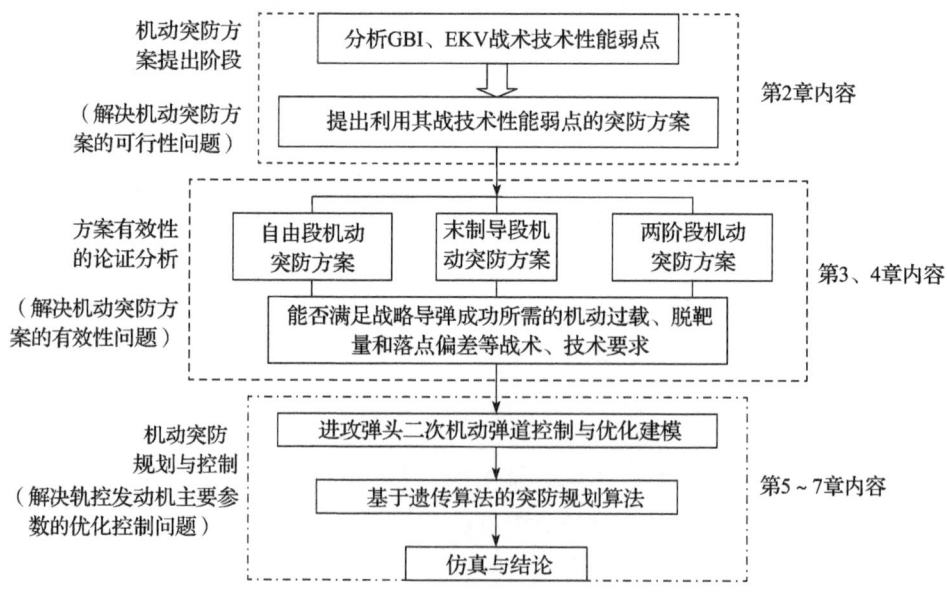

图 1.3　本书研究总体思路

1.4.3 主要内容

全书共 7 章，各章内容如下。

第 1 章，绪论。包括反导与突防技术现状和发展、弹道中段机动突防国内外研究现状、本书研究目标和思路的总体阐述。

第 2 章，弹道中段机动规避突防策略。包括陆基拦截弹作战特点及制导分析、陆基中段防御系统弹道中段拦截时空分析、弹道中段机动变轨突防对策。

第 3 章，两种中末制导交接班情况下拦截器制导方法研究。包括 EKV 拦截制导性能分析和拦截策略分析、基于预测拦截点的 EKV 最短拦截时间导引方法分析、EKV 基于最短剩余飞行时间拦截制导模型构建、进攻弹头在 EKV 自由段规避突防方案可行性与有效性分析。

第 4 章，进攻弹头在 EKV 末制导段规避突防过载分析。主要对比分析了 EKV 按比例导引和预测前置角拦截进攻弹头的机动过载需求。

第 5 章，基于遗传算法的轨控发动机规避参数最优控制。包括机动规避参数优化设计总体分析、进攻弹头机动规避效果评估模型、基于遗传算法的进攻弹头机动规避参数优化设计和仿真算例。

第 6 章，二次机动规避弹道优化及落点精度控制。包括再次机动规避问题的描述、机动规避所产生的落点偏差分析、机动弹道参数优化设计的总体思路、机动引起落点偏差的计算模型的构建、进攻弹头再次机动时脱靶量的计算模型构建、再次机动规避参数的优化模型及算法设计。

第 7 章，机动规避仿真与结果分析。包括仿真假设及初始参数的设定、突防拦截过程仿真、进攻弹头二次机动规避控制仿真及仿真结论。

参考文献

[1] 徐世录，侯振宁. 弹道导弹防御系统的现状与发展 [J]. 情报指挥控制系统与仿真技术，2004，(1)：32-37.

[2] 齐艳丽. 美国海基中段防御系统 [J]. 导弹与航天运载技术，2005，26 (3)：56-61.

[3] 刘石泉. 弹道导弹突防技术导论 [M]. 北京：中国宇航出版社，2003.

[4] MARTH GREEN. Raytheon's Evolving Eo Technology Meeting the Challenges of the Future [R/OL]. Washington：Technology Today，2005.

[5] MANNHARDT，JURGEN. Sea Based Ballistic Missile Defense：Aqerman Perspective [J]. Naval Forces，2018，39 (2)：12-15.

[6] Microwave Journal Staff. THAAD Weapon System Successfully Intercepts Target in Second Pacific Range

Test [EB/OL]. (2007-05-02) [2021-01-15]. https://www.microwavejournal.com/articles/4731-thaad-weapon-system-successfully-intercepts-target-in-second-test.

[7] ST. LOUIS Boeing Delivers 500th PAC-3 Missile Seeker to Lockheed Martin [EB/OL]. (2007-03-08) [2021-01-15]. http//www.boeing com/defense-space/space/md/pac3/news/2007/ql/070308c-nr. Him/.

[8] Northrop Grumman an on Track to Test Fire Kinetic Energy Interceptor Booster in 2008 [EB/OL]. (2007-02-02) [2021-01-16]. http://www. Irconnect com/noc/press/pages/news_releases him d=112995.

[9] RICHARD MATLOCK. Multiple Kill Vehicle [R]. Arlington, VA: Missile Defense Division National Defense Industry Association, 2007.

[10] Mark Hewish. Scudkillers: Tough Choices for Boost-Phase Intercept [J]. Jane's International Defence Review, 1996: 31.

[11] 孙连山, 杨晋辉. 导弹防御系统 [M]. 北京: 航空工业出版社, 2005.

[12] Black S, Barnes T, Auth H, et al. Fiscal Year 2008 Defense Budget: Programs of Interest [J]. Center for Defense Information, 2007, 12: 19.

[13] 赵秀娜. 机动弹头的智能规避策略研究 [D]. 长沙: 国防科学技术大学, 2006.

[14] Postol T A. Why Missile defense won't work [J]. Technology Review, 2002, 105 (3): 42-42.

[15] Full scale exoatmospheric kill vehicle [EB/OL]. (2005-05-02) [2021-01-20]. http://www.am-model.com/.

[16] 王广宇. 一种新的变结构制导律研究 [J]. 航天控制, 2005, 23 (3): 16-19.

[17] Kumar R R, Seywald H, Cliff E M. Near-optimal three-dimensional air-to-air missile guidance against maneuvering target [J]. Journal of Guidance, Control, and Dynamics, 1995, 18 (3): 457-464.

[18] 雍恩米, 唐国金, 罗亚中. 弹道导弹中段机动突防制导问题的仿真研究 [J]. 导弹与航天运载技术, 2005, 24 (4): 13-18.

[19] Shinar J, Steinberg D. Analysis of optimal evasive maneuvers based on a linearized two-dimensional kinematic model [J]. Journal of Aircraft, 1977, 14 (8): 795-802.

[20] Besner E, Shinar J. Optimal evasive maneuvers in conditions of uncertainty [R]. Haifa, Israel: TECHNION-ISRAEL INST OF TECH HAIFA DEPT OF AERONAUTICAL ENGINEERING, 1979.

[21] Shinar J, Tabak R. New Results in Optimal Missile Avoidance analysis [J]. Guidance, Control and Dynamics, 1994, 17 (5): 897-902.

[22] Shinar J, Shima T. A game theoretical interceptor guidance law for ballistic missile defence [C] //Proceedings of 35th IEEE Conference on Decision and Control. IEEE, 1996, 3: 2780-2785.

[23] Guelman M, Shinar J, Green A. Qualitative study of a planar pursuit evasion game in the atmosphere [J]. Journal of Guidance Control Dynamics, 2015, 13 (6): 1136-1142.

[24] Shinar J. Requirements for a New Guidance Law Against Maneuvering Tactical Ballistic Missiles [R]. Haifa, Israel: TECHNION-ISRAEL INST OF TECH HAIFA FACULTY OF AEROSPACE ENGINEERING, 1997.

[25] 韩京清. 拦截问题中的导引律 [M]. 北京: 国防工业出版社, 1977.

[26] 张兵. 大气层外动能拦截器末制导段性能研究 [D]. 长沙: 国防科学技术大学, 2005.

[27] 蔡立军. 微分对策最优制导律研究 [D]. 西安: 西北工业大学. 1996.

[28] 王广宇. 一种新的变结构制导律研究 [J]. 航天控制, 2005, 23 (3): 14-19.

[29] 张雅声, 程国采, 陈克俊. 高空动能拦截器末制导引方法设计与实现 [J]. 现代防御技术, 2001, 29 (2): 31-34, 38.

[30] 郑立伟, 荆武兴, 谷立祥. 一种适用于大气层外动能拦截器的末制导律 [J]. 航空学报, 2007, 28 (4): 6.

[31] 杨友超, 姜玉宪. 导弹随机动策略的研究 [J]. 北京航空航天大学学报, 2004, 30 (12): 1191-1194.

[32] 姜玉宪, 崔静. 导弹摆动式突防策略的有效性 [J]. 北京航空航天大学学报, 2002, 28 (2): 4.

[33] 姜玉宪. 具有规避能力的末制导方法 [C] //中国航空学会控制与应用第八届学术年会论文集. 北京: 航空工业出版社, 1998: 75-79.

[34] 姜玉宪. 弹道导弹末制导段的规避控制 [C] //全国第八届空间及运动体控制技术学术会议论文集. 北京: 中国自动化学会, 1998: 88-93.

[35] 张磊. 弹道导弹突防问题的研究 [D]. 北京: 北京航空航天大学, 2002.

[36] 崔静. 导弹机动突防理论及应用研究 [D]. 北京: 北京航空航天大学, 2001.

[37] 罗珊. 弹道导弹反拦截机动变轨突防技术研究 [D]. 西安: 西北工业大学, 2006.

[38] 和争春, 何开锋. 远程弹头机动突防方案初步研究 [J]. 飞行力学, 2003, 21 (3): 32-35, 40.

[39] 孙明玮, 刘丽. 导弹侧向机动控制的优化设计 [J]. 战术导弹控制技术, 2006, (4): 4.

[40] 程进, 杨明, 郭庆. 导弹直接侧向力机动突防方案设计 [J]. 固体火箭技术, 2008, 31 (2): 6.

[41] Massoumnia, Mohammad-Ali. Optimal midcourse guidance law for fixed interval propulsive maneuvers [J]. Journal of Guidance, Control, and Dynamics, 1995, 18 (4): 465-470.

[42] Newman B. Spacecraft intercept guidance using zero effort miss steering [J]. Flight Dynamics and Control Engineer, 1993, 19 (1): 1707-1716.

[43] Newman B. Strategic intercept midcourse guidance using modified zero effort miss steering [J]. Journal of Guidance, Control, and Dynamics, 1996, 19 (1): 107-112.

[44] Newman B. Exoatmospheric intercepts using zero effort miss steering for midcourse guidance [C] //Proceedings of the AAS/AIAA Spaceflight Mechanics Meeting. Pasadena, California: AIAA, 1993: 24-42.

[45] Newman B. Exoatmospheric intercepts using zero effort miss steering for midcourse guidance [J]. NASA STI/Recon Technical Report A, 1993, (95): 415-433.

[46] 刘世勇, 吴瑞林, 周伯昭. 大气层外拦截弹中段制导研究 [J]. 宇航学报, 2005, 26 (2): 156-163.

[47] 汤一华, 陈士橹, 万自明. 基于零控脱靶量的大气层外拦截中制导研究 [J]. 2007, 25 (3): 34-37.

[48] Mezr A W. Implement air combat guidance laws [J]. Jounral of Dynamic Systems, Measurement, and Control, 1989, 111 (4): 605-608.

[49] 孙守明, 汤国建, 周伯昭. 基于微分对策的弹道导弹机动突防研究 [J], 弹箭与制导学报, 2010, 30 (4): 65-68.

[50] Segal A, Miloh T. Novel Three-Dimensional Differential Game and Capture Criteria for a Bank-to-Turn Missile [J]. Journal of Guidance, Conrtol, and Dynamics, 2015, 17 (5): 1068-1074.

[51] Isidori A, Sontag E D, Thoma M. Nonlinear control systems [M]. London: Springer, 1995.

[52] Tsao L P, Lin C S. New optimal guidance law for short-range homing missiles [J]. PROC NATL SCI

COUNC REPUB CHINA PART A PHYS SCI ENG, 2000, 24 (6): 422-426.

[53] 候明善. 指向预测命中点的最短时间制导 [J]. 西北工业大学学报, 2006, 24 (6): 690-694.

[54] Josef Shinar Vladimir Tuyetsky, Yaakov, Oshman. New Logic-Based Estimation/ Guidance Algorithm for Improved Homing Against Randomly Maneuvering Tagrets [J]. AIAA Gtlidance, Navigation, and Control Conference and Exhibit, 2004 (8): 16-19.

[55] Shinar J, Tabak R. New Results in Optimal Missile Avoidance Analysis [J]. Journal of Guidance, Control, and Dynamics, 1994, 17 (5): 897-902.

[56] 吴瑞林, 等. 弹道导弹机动突防研究 [J]. 863 先进防御技术通讯 (A 类), 2001, (8): 12-29.

[57] 周荻, 邹昕光, 孙德波. 导弹机动突防滑模制导律 [J]. 宇航学报, 2006, 27 (2): 213-216.

[58] 王大军. 导弹突防滑模制导律研究 [D]. 哈尔滨: 哈尔滨工业大学, 2004.

[59] 吴启星, 张为华. 弹道导弹中段机动突防研究 [J]. 宇航学报, 2006, 27 (6): 1243-1247.

[60] 吴启星, 王祖尧, 张为华. 弹道导弹中段机动突防发动机总体优化设计 [J]. 固体火箭技术. 2007, 30 (4): 278-281.

[61] 赵秀娜, 袁泉, 马宏绪. 机动弹头中段突防姿态的搜索算法研究 [J]. 航天控制, 2007, 25 (4): 13-17.

[62] Dewell L, Menon P. Low-thrust orbit transfer optimization using genetic search [C] // Guidance, Navigation, and Control Conference and Exhibit. Portland, United States Duration: AIAA. 1999, 4151: 1109-1116.

[63] Adam Wuerl, Tim Crain, Ellen Braden. Genetic Algorithm and Calculus of Variations-Based Trajectory Optimization Technique [J]. Journal of Spacecraft and Rockets, 2003, 40 (6): 882-888.

[64] 郗晓宁, 王威. 近地航天器轨道基础 [M]. 长沙: 国防科技大学出版社, 2003.

[65] 秦化淑, 王朝珠. 大气层外拦截交会的导引问题 [M]. 北京: 国防工业出版社, 1997.

[66] 王石, 祝开建, 戴金海, 等. 用 EA 求解非固定时间轨道转移和拦截问题 [J]. 国防科技大学学报, 2001, 23 (5): 1-4.

[67] Millar Robert. J. An Artificial Intelligence Based Framework for Planning Air Launched Cruised Missile Mission [R]. Ohio, U. S. A.: AIR FORCE INST OF TECH WRIGHT-PATTERSON AFB OH SCHOOL OF ENGINEERING, 1984: 1-110.

[68] Myron Hura. Route Planning Issues for Low Observable Aircraft and Cruise Missiles [R]. Santa Monica: AD-A282428, 1994.

[69] Whitbeck Richard F. Optimal Terrain-Following Feedback Control for Advance Cruise Missile [R]. Hawthorne, CA: SYSTEMS TECHNOLOGY INC HAWTHORNE CA, 1982.

[70] Denton R V. Demonstration of an Innovation Technique for Terrain Following/ Terrain-Avoidance the Dynapath Algorithm [C] // Proc. of IEEE NAECON Conference. State of New Jersey: IEEE. 1985: 522-529.

[71] Halpern M E. Application of the A* Algorithm to Aircraft Trajectory Generation [R]. Victoria: AERONAUTICAL RESEARCH LABS MELBOURNE (AUSTRALIA), 1993.

[72] Victoria Samson, Flight Tests for Ground-Based Midcourse Defense (GMD) System, Center for Defense Information [EB/OL]. (2003-09-13) [2021-01-24]. http://www.cdi.org.

[73] Lisbeth Gronlund, David C. Wright George N. Lewis, et al. Technical Realities: An Analysis of the 2004

Deployment of a U. S. National Missile Defense System [R]. Massachusetts: Union of Concerned Scientists, 2004.

[74] Andrew M. Sessler, John M Cornwall, et al. Countermeasures: A Technical Evaluation of the Operational Effectiveness of the Planned US National Missile Defense System [R]. Massachusetts: Union of Concerned Scientists and MIT Security Studies Program, 2000.

第 2 章
弹道中段机动规避突防策略

本章在对典型大气层外动能拦截弹作战过程及战、技术特点进行深入分析的基础上，从充分利用拦截弹存在的固有技术缺陷角度考虑，提出弹道中段机动规避突防的主要策略，并对各种机动突防策略进行初步的对比分析。

目前弹道导弹在弹道中段飞行所受的拦截威胁主要来自大气层外动能拦截弹。在研究弹道导弹中段机动突防方案时，对典型大气层外动能拦截弹作战过程及战、技术特点进行深入分析是问题研究的第一步，因为只有这样，才能充分利用拦截弹存在的固有技术缺陷，所提出的机动突防方案才具有针对性。

2.1 GBI 作战特点及制导分析

2.1.1 GBI 拦截作战原理

典型的大气层外动能拦截器，如陆基拦截弹（Ground Based Interceptor, GBI）和海基动能拦截弹是美国导弹防御系统的重要组成部分。其中 GBI 是一种只能在大气层外（100km 以上高度）拦截并摧毁来袭远程弹道导弹的动能武器。GBI 由一个三级助推火箭（BV）和一个 EKV 组成[1-2]。

GBI 的主要任务是通过助推火箭将 EKV 顺利送入预先设计好的拦截区域，使得 EKV 与助推火箭分离后，与拦截对象的零控脱靶量满足 EKV 拦截作战的条件要求。EKV 与助推火箭分离后，经过了一段时间的自由飞行，其红外导引头开始搜索、识别、锁定并跟踪目标，利用姿控和轨控发动机系统提供的直接侧向力实现快速变轨和姿态调整，并借助调整飞行的巨大动能，以直接碰撞方式拦截并摧毁来袭导弹的弹头[3-5]。

2.1.2　GBI 拦截作战过程及制导分析

利用地基动能拦截弹在大气层外拦截远程弹道导弹的方案是美国经过长时间研究的一种弹道导弹防御方案。从 20 世纪 70 年代末，美国国防部开始研究第一代地基中段防御动能拦截弹技术开始，至克林顿政府在"国家导弹防御"的名义下开始发展第三代地基中段防御拦截弹技术为止，美国的"地基拦截弹"技术已经相对成熟了[6]，其拦截示意图见图 2.1。

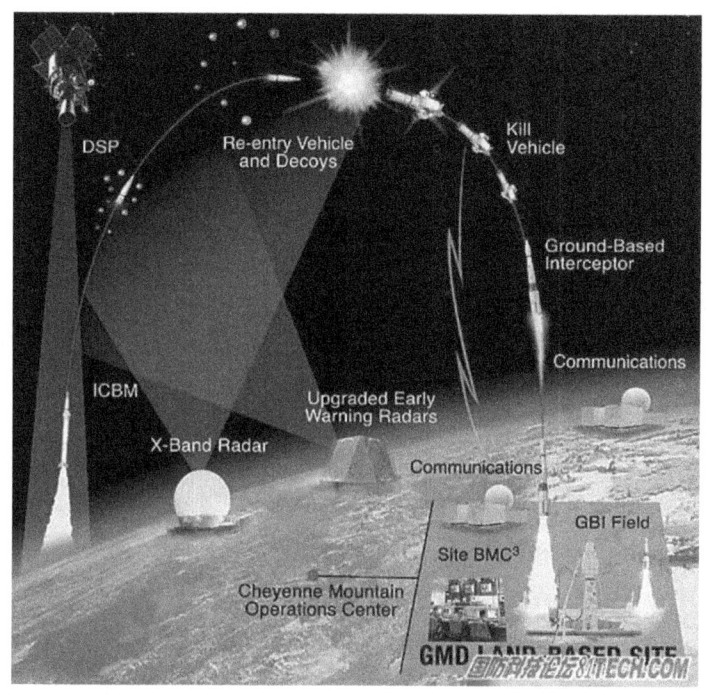

图 2.1　GBI 拦截示意图

其具体拦截作战流程如下：

（1）预警卫星报警，天基红外预警系统（SBIRS）通过探测助推段飞行导弹的炽热尾焰，进行导弹来袭预警。

（2）引导地面远程预警雷达建立"搜索警戒线"，探测来袭导弹，初步预测来袭弹的落区。

（3）预警卫星数据将目标弹道的估算数据传送给作战管理中心，并开始确定交战方案。

（4）当来袭导弹进入地基跟踪雷达探测区域时，雷达系统探测并跟踪导弹及任何分离的目标，识别弹头或假目标。

（5）作战管理中心将来自各种探测系统的信息进行综合分析，提出最佳的作战规划，制订火力分配方案，并适时向选定的防御区内反导弹发射阵地的跟踪制导雷达传递目标威胁数据及评估信息，下达 GBI 发射指令。

（6）作战管理中心的通信系统负责与拦截弹保持通信联系，向拦截弹适时发出目标数据，并修正拦截弹的弹道数据、瞄准数据的控制指令。

（7）当拦截弹捕捉到目标时，释放出 EKV。

（8）当 EKV 利用其探测器识别出真弹头时，开始自主控制，并导引 EKV 以碰撞拦截方式摧毁来袭弹头。

（9）作战指挥系统在拦截过程中对拦截效果进行评估，判断拦截是否成功，若失败则进行第二次拦截。

从制导方式来看，拦截器的作战过程可分为 4 个阶段：

（1）程序飞行段，载机或助推器根据地面作战指挥中心设定的作战程序及装定的目标参数，按规定的姿态进行发射，将拦截弹在预定的时间送到预定的空间位置。

（2）主动段，即初制导段，主要采用自适应导引方法（或瞬时预测命中点导引法），通过不断修订预测命中点控制拦截弹的飞行，在助推段采用空气动力舵控制，续航段则采用肼发动机控制。

（3）被动段（包含自由飞行段和中制导段），三轴稳定拦截器同导弹分离后开始中制导飞行，由捷联惯导系统通过轨控和姿控发动机对拦截弹的位置及姿态进行控制，直到捕获目标。

（4）末制导段，采用一定的导引方法，如比例导引法，实现对目标的自动寻的拦截。

综合整个作战过程，末制导段时间很短，小于 10s。

2.1.3　GBI 拦截作战时序分析

目前，对于远程战略弹道导弹而言，真正构成拦截威胁的主要是来自于弹道飞行中段的拦截，即 GBI 的拦截。由于反导防御系统从探测发现到拦截结束的时间直接影响战略导弹的机动突防时机，因此有必要对 GMD 系统中 GBI 的发射时序进行分析研究。

分析 GBI 的发射时序主要基于以下几点考虑。

（1）GBI 发射基地接收到发射命令前，由于目前卫星数据传输速率较低，各阶段消耗的时间除探测数据处理和必要的数据积累外，主要在于各探测系统（预警卫星、预警雷达）的探测信息需要传送至地面接收站处理，并经通信卫星转发至作战管理中心需耗费数据传输时间[7-8]。

(2) 由于 GBI 采用类似美国弹道导弹地下井发射,因此其接收发射命令至点火时间应与普通战略弹道发射相近。

(3) 典型的远程战略导弹全程飞行时间大约 40min,其中自由段飞行大约 30min,美国公布的历次 GMD 拦截试验发射时序和相关资料分析拦截时序为:

① 当战略导弹发射后约 5min,美国的预警卫星和预警雷达系统就探测到导弹的关机点基本参数[9],并传回作战管理中心。

② GMD 系统的作战管理中心将来自各种探测系统的信息进行数据积累和综合分析,确定出系统要拦截的目标,进而引导 X 波段地基雷达并指挥 GBI 发射。这个过程可能需要 5~7min。

③ 从作战管理中心发出拦截弹发射命令和发射信息到发射基地的操作人员发射出拦截弹的时间一般为 5~7min。

④ 从拦截弹发射到拦截交战结束一般需要 10min。

⑤ 第一次拦截中,作战管理中心将根据来自各方的数据对拦截结果进行评估,如果第一次拦截失败,则立即发出进行第二次拦截的作战指令。

可见,GBI 一般在弹道导弹起飞后 15~20min 点火。自 1999 年至今,美国共进行了 19 次中段试验,其中 13 次拦截试验、6 次分系统试验,13 次拦截试验中失败了 7 次。GMD 系统最近的两次成功拦截试验是在 2006 年 9 月 2 日和 2009 年 9 月 28 日[10-11]。这两次试验中,改进型"民兵 2"洲际弹道导弹作为靶弹从阿拉斯加州科迪亚可岛发射,升空 17min 后,GBI 从加利福尼亚州范登堡空军基地地下发射井发射。又过了大约 10min,拦截弹拦截成功。可见本书对 GBI 的发射时序分析是合理的。

2.1.4 GBI 战术技术性能

由于大气层外拦截需要极高的命中精度,而要使拦截器经过大气层外自由飞行直接进入末制导往往是很困难的,因此,在 GBI 飞行中一般需要考虑加入中制导[12-13]。

GBI 的助推火箭要能够满足国家导弹防御的覆盖要求和时间要求,则必须实现从美国中部的一个拦截弹基地覆盖 50 个州,拦截弹的速度必须超过 7 km/s。在本书中,结合有关资料,将 GBI 的最大速度限定在 7~10km/s。目前,地基拦截弹将采用两种助推火箭:一种是洛克希德·马丁公司研制的 BV+ 火箭;另一种是轨道科学公司研制的 OBV 火箭。不同助推火箭对于地基拦截弹的关机速度稍有不同。

采用洛克希德·马丁公司研制的 BV+ 火箭的地基拦截弹长约 17.5m,起飞质量约 15t,助推时间约 145s,关机速度为 5.44km/s[14-15]。而采用轨道科学公司研制的 OBV 助推火箭的地基拦截弹长约 18.5m，起飞质量为 20~22t，助推时间约 178s，关机速度为 5.92km/s[16-17]。

2.1.5　EKV 战术技术性能分析

大气层外动能拦截器（Exoatmospheric Kill Vehicle，EKV）是 GBI 实施拦截的关键设备。EKV 上装了红外导引头、数据处理制导系统和变轨推进系统，可做出拦截决策并进行末段寻的机动，是一种小型、非核、自寻的、靠直接碰撞杀伤的飞行设备[18]。自 1997—2007 年，美国已经对 EKV 进行了 13 次拦截试验，其中 7 次失败、6 次成功。目前，美国的导弹防御系统已经初步具备了实战应用能力，并开始装备部队。因此，分析 EKV 的作战特点，研究针对 EKV 固有战术技术缺陷的突防措施，对于提高我国远程弹道导弹的生存能力具有重大的现实意义。而分析 EKV 的作战特点首先就需要对 EKV 的战术技术特性进行研究。

EKV 安装了两个多波段被动长波红外成像探测器，可以自动寻的和机动飞行，通过逆向直接碰撞式拦截摧毁弹道导弹弹头。EKV 长约 1.397m，直径约 0.635m，质量约 60kg[19-20]。据有关数据显示，EKV 在 226km 高空，其撞击速度大约为 7.2km/s。EKV 的组成主要有导引头、姿态控制动力系统、轨道控制动力系统及制导设备等。

其导引头由一个可见光探测器和两个长波红外探测器等组成，主要用于捕获、跟踪和识别目标。其中：可见光探测器是远程探测器，除了用于星校准以便确定 EKV 在空间的方位之外，还可利用该探测器远距离捕获与跟踪在阳光照射下的目标；长波红外探测器是指当目标不在阳光的照射下时，EKV 就必须使用该探测器捕获目标[19]。红外探测器在外层空间的探测距离受目标尺寸、目标投影面积、目标表面发射率及探测背景等多因素影响，根据文献［23］的计算结果，EKV 红外导引头对典型远程弹道导弹的探测距离为数百千米。

制导设备主要由惯性测量装置、信号处理机和数字处理机等组成。其中：惯性测量装置用于感知 EKV 的运动，提供 EKV 的精确位置和速度数据；信号处理机负责处理导引头获取的原始数据，并准确地确定出目标的方位，弹上计算机的运算速度为每秒亿次以上；数字处理机负责处理信号处理机提供的目标信息和惯性测量装置提供的 EKV 运动参数，识别真假目标、选择瞄准点并计算正确的拦截弹道，指挥姿态轨道控制动力系统工作，控制 EKV 准确地拦截目标。

EKV 轨控和姿控动力系统分别由 4 台轨道控制发动机、6 台姿态控制发动机和推进剂储箱等组成。轨道控制发动机用于控制飞行方向，减少扰动力矩，其推力通过质心,用于为 EKV 提供横向机动飞行能力;姿态控制发动机(包括纵向和横向)用于控制弹体俯仰、偏航和滚动姿态,提高直接控制力矩,确保自主导引时快速响应能力,保持姿态稳定。

EKV 的辅助杀伤装置由 36 根合金杆制成,按螺旋状排列在弹头周围,当 EKV 识别出并接近目标时,红外导引头打开制动器,弹出合金杆,形成一个直径约 4.5m 的伞状的金属网罩,实施碰撞目标。再结合弹道导弹的体长等因素,EKV 的脱靶量标准目前一般定在 10m。

归纳总结 GBI/EKV 的性能参数见表 2.1[21]。

表 2.1 GBI/EKV 的性能参数

性能参数		取值	备注
质量		59.65kg	湿重
尺寸		0.61m×1.397m	过载限制 4g
轨控推力		2338.3N	
真空比冲		2900m/s	
轨控发动机响应时间		≤10ms	
推进剂		MMH/N$_2$O$_4$	
导引头	红外像面阵列	256×256	低温冷却至 40K
	视场角	2°×2°	
	捕获距离	约 200km	
	帧频	25Hz,50Hz,100Hz	周期 40ms,20ms,10ms
可用机动(总量)		20~25	
时间(最后阶段)		5~7s	
接近速度		7~10km/s	
末端机动距离		1000m	
末制导律		比例导引	改进
视线角速率估计算法		状态非线性二阶扩展卡尔曼滤波(EKF)	
拦截方位(视线角、方位角)		由搜索算法得到	基于初始需用过载在限制范围内
脱靶量标准		10m	

2.2 GMD 弹道中段拦截时空分析

受 GMD 传感系统自身性能、GBI 战术技术性能及部署位置等因素的影响,GBI 并不具备在任意区域内拦截来袭远程弹道导弹的能力。根据 GMD 作战系统"打击-侦测-打击"的作战思想,拦截器并不会随意发射。基于以上考虑,本书以一枚从亚洲东部起飞、飞越太平洋的远程弹道导弹为例，研究 GBI 拦截时机和拦截空域。

2.2.1　GMD 拦截时空分析

1. X 波段雷达对进攻弹头的预警探测能力分析

首先需要确定 GMD 系统中 X 波段雷达捕获目标时刻。当前，对欧亚大陆的陆基战略弹道导弹而言，部署最为前沿的 X 波段雷达位于阿留申群岛的谢米亚岛，该岛坐标约为东经 107°07′、北纬 52°43′。由于 X 波段雷达不具备超视距探测能力，即只能直接照射才能捕获、跟踪目标，因此，在不考虑地球表面杂波影响的假设下，在 X 波段雷达最大探测距离范围内，可以用如下公式表述导弹与 X 波段雷达之间视距 L 与导弹飞行被捕获的临界高度之间的关系：

$$\arctan\left(\frac{L}{r_R}\right) = \arccos\left(\frac{r_R}{H_M + r_M}\right) \tag{2.1}$$

式中：r_R 为雷达所在点的地心矢径；r_M 为导弹地面投影点的地心矢径；H_M 为导弹高程。r_R、r_M 可用下式计算：

$$r = a(1-\tilde{\alpha})\sqrt{\frac{1}{\sin^2\varphi_s + (1-\tilde{\alpha})^2\cos^2\varphi_s}} \tag{2.2}$$

式中：a 为椭球长半轴；$\tilde{\alpha}$ 为椭球体扁率；φ_s 为地心纬度。

以一条典型的远程弹道导弹飞行轨迹的弹下点经纬度对应的被雷达直接照射的临界飞行高度为研究对象，计算结果见表 2.2。

表 2.2　雷达直接照射临界高度表

时间/s	大地距离/m	临界高度/m	飞行高度/m
350.0	3254093.0	778759.53	492319.32
370.0	3161830.0	737500.19	524614.92
390.0	3044700.0	686427.70	555864.07
410.0	2906830.0	628295.35	586065.86
430.0	2793911.0	582390.61	615219.59
450.0	2680744.0	537928.13	643324.69
470.0	2568440.0	495360.19	670380.72

显然，在不考虑地球表面杂波影响，只考虑直接照射的可能性的情况下，对于部署于谢米亚岛的雷达而言，在该导弹飞行约 400s 后即能直接照射到飞行弹头。考虑到地面杂波对雷达探测的影响，可以近似认为该导弹飞行约 460s 后，X 波段雷达能稳定跟踪导弹目标。

2. GBI 拦截时机与空域分析

在雷达稳定跟踪突防战略导弹的弹头后,指挥系统将根据雷达测量的状态参数预测弹道导弹的弹道并进行预定拦截点计算,从而确定部署于阿拉斯加格里利堡的拦截弹的升空时机。当然,不同的对抗条件将对应不同的升空时机,而不同的升空时机就确定了 GBI 推进的 EKV 与战略导弹弹头交会的时机与交会空域。为了对第一次拦截时机与空域进行研究,针对不同的 GBI 点火延时进行了仿真计算,其计算结果见表 2.3。

表 2.3 第一次拦截时机、空域表

GBI 点火延时/s	攻防交会时间/s	攻防交会点高度/m
60	926.0	1102684.22
90	938.3	1104097.08
120	950.8	1105141.29
150	963.5	1105783.28

当第一次拦截结束后,指挥系统将根据来自各方的数据对拦截结果进行评估,如果第一次拦截失败,指挥系统将发出进行第二次拦截的作战指令。对于攻击太平洋西海岸的远程弹道导弹而言,部署于阿拉斯加格里利堡的 GBI 拦截器不具备第二次拦截能力,因为它的第二次拦截已不能构成迎头(Head-on)撞击拦截。因此,作者认为,第二次拦截时,GBI 将从范登堡(Vandenberg)空军基地点火升空。考虑到不同情况下,评估拦截情况及做出进行第二次拦截决定所需时间的不同,在第二次拦截仿真时,以第一次交会失败后的不同延时为变量进行计算,计算结果见表 2.4。

表 2.4 第二次拦截时机、空域表

第一次 GBI 点火延时/s	第二次 GBI 点火延时/s	攻防交会时间/s	攻防交会点高度/m
60	30	1505.5	649706.75
	60	1516.5	634303.25
	90	1527.1	619159.71
150	30	1572.9	550343.76
	60	1583.7	533316.10
	90	1593.9	516954.24

在结束了第二次拦截后,GMD 指挥系统将再度评估第二次拦截,如果这一次的拦截仍然是以失败告终,那么 GBI 几乎不具备再次拦截的能力。因此,GBI 对当前远程战略弹道导弹总共可进行的拦截只有两次。即使在某些特殊情

况下，具备第三次拦截机会，其拦截概率也会因拦截条件差而大幅下降。

综上所述，对于典型的远程弹道导弹而言，GMD 系统理论上具有两次较好的拦截时机和空域。第一次出现在导弹飞行数百秒后的时间点上；第二次出现在导弹飞行 1000s 后。

这样的结论是在假设 GMD 系统在评估上一次拦截效果前不会发射新的 GBI 拦截器的前提下得出的。这样的假设条件是合理的，因为 GBI 拦截器是从发射井中发射，数量有限，对它的使用将是严格按照作战流程进行的。

在此需要特别指出的是，这两次拦截的结论仅对远程战略导弹而言。理论上，自导弹飞行数百秒之后，直到再入大气前所有飞行经过的区域都是部署在格里利堡和范登堡的 GBI 的可攻击区域，都是远程弹道导弹的高危区域。

2.2.2 EKV 拦截作战性能特点分析

通过对 GMD 和 GBI 拦截作战特点的分析，可以对 EKV 拦截作战性能弱点归纳总结如下。

（1）EKV 对进攻弹头的拦截时机大多发生在突防导弹的降弧段。根据美国公布的历次 GMD 拦截试验发射时序和相关资料，可以判断 GBI 一般在弹道导弹起飞后 15~20min 点火，并在 8~10min 后 EKV 与敌方战略导弹交会。由于典型的远程战略导弹全程飞行时间大约需要 40min，其中自由段飞行大约需要 30min。因此，可以判断 EKV 应该是在远程弹道导弹的降弧段进行拦截。

（2）EKV 对目标的探测距离有限。EKV 和助推器分离后，在末制导段只能依靠自身的探测设备对目标弹头进行探测，探测距离仅数百千米。在 EKV 无法实时探测到目标相对距离信息的情况下，只能依靠此前对目标当前飞行信息的估计来维持自身的飞行状态。由于 EKV 的导引头探测距离有限，如果进攻弹头在 EKV 视线距离以外实施某种机动，则 EKV 无法及时获取目标的状态信息，也就无法及时引导自身校正飞行状态。因此，EKV 此前所估算的进攻弹飞行信息就会与进攻弹的真实飞行信息产生偏差。如果双方相遇时，两者仍旧存在足够大的位置偏差，就会造成足够大的脱靶量。

（3）EKV 的持续机动能力有限。目前飞行器的轨控发动机主要有两种，分别为液体燃料发动机和固体燃料发动机。前者推力较小，可控制推力的大小并灵活开关机，因此可多次使用；后者推力大，但其推力的大小和持续时间是不可控的，发动机工作时间短，并且只能一次性使用。由于 EKV 飞行速度达到了数千米每秒，要想对其实施机动控制，只有采用固体燃料发动机。但由于固体燃料发动机的持续工作时间短，故 EKV 在末制导段的最大可机动能力是很有限的，约为 1000m。

（4）EKV 长达数分钟的无控滑行给进攻弹头实施机动突防提供了很好的机会。EKV 在与助推火箭分离后，即进入了无控滑行阶段，此时，EKV 仅受重力作用。由于 EKV 进入无控滑行之前，为保证 GBI 对目标具有较高的拦截成功率，已经将 EKV 锁定在零控拦截弹道，因此，只要进攻弹不改变飞行状态，就可以实现成功拦截。但是，当进攻导弹进行变轨机动时，EKV 受发动机可持续工作时间限制和 EKV 红外导引头探测视场有限等条件的限制，无法相应地进行变轨机动，这给进攻弹头利用 EKV 的无控滑行阶段实施变轨机动规避提供了良好的机会。

（5）EKV 速度太快，实施机动控制易受过载饱和的影响。在与目标遭遇点附近 EKV 的飞行速度达到了 7~10km/s，要对如此高的速度实施控制，往往需要很大的法向加速度。加之进攻弹头的飞行速度同样达到了数千米每秒，因此，在拦截时刻如果存在位置偏差，留给 EKV 的机动时间是很短的，EKV 容易因为过载饱和或受干扰而引起脱靶。

2.3 弹道中段机动变轨突防对策

通过对 EKV 拦截性能特点的分析，本书提出机动变轨规避的突防对策。所谓机动变轨技术是导弹在飞行中可改变其弹道，以躲避反导系统拦截的一种突防技术，通常有全弹道变轨和弹道末段变轨两种[22]。本书主要针对 GBI 拦截作战的战术、技术性能，有针对性地研究弹道中段的机动变轨对策。

通过以上对 GBI 作战时序及拦截机理的分析可知，突防导弹针对 EKV 战术、技术性能弱点进行突防作战的策略主要有以下 4 种，如图 2.2 所示。

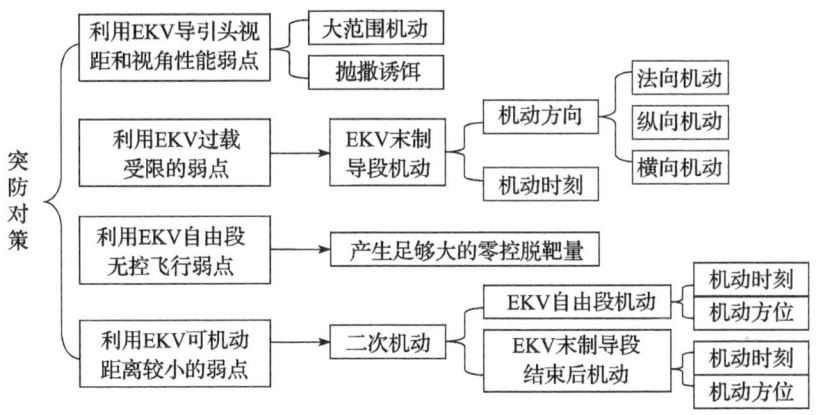

图 2.2 机动规避突防策略分析图

下面简要描述各种突防对策，并分析其有效性。

2.3.1 在EKV自由段机动，使EKV红外导引头失去目标

1. 突防策略的描述

2015年以前，美国可用于作战的导弹防御系统主要由3个分系统和5个子系统组成[22]。一是助推段防御分系统，主要有机载激光器防御子系统；二是中段防御分系统，主要有陆基中段防御子系统（GMD）和海基中段防御子系统（宙斯盾）[23]；三是末段防御分系统，主要有"THAAD"高空防御子系统和"PAC"—3低空防御子系统。导弹防御系统的作战流程主要包括预警、识别、跟踪、导引拦截。在这三大流程中，无论是预警、识别、跟踪还是导引，关键技术都是对目标的探测技术。因此，考虑针对EKV的红外导引头性能，采取降低或干扰其对目标识别能力的措施是一种重要的反拦截对抗手段。对于红外导引头的干扰措施，除了在弹道中段释放诱饵外，通过机动使弹头脱离EKV导引头的探测范围也是一种可供考虑的方式。

进攻弹头在EKV自由段实施使EKV红外导引头失去目标的思路是：利用EKV对目标探测距离有限的技术性能弱点，在进攻弹头被EKV红外导引头锁定之前实施变轨机动，使得两者相对距离减小至EKV红外导引头最大探测范围以内时，进攻弹头位于EKV红外导引头视场之外。由于EKV末制导时间很短，拦截对抗双方速度很快，在得不到红外导引头实时测量信息的情况下，EKV的姿轨控系统将无法正常工作，一旦错过预定末制导启动时机，EKV将难以保证直接碰撞拦截的精度。

2. 突防策略有效性初步分析

下面根据目前美国导弹防御系统探测技术的现状及能力，分析使EKV红外导引头失去目标机动策略的可行性。

1) 对EKV红外导引头探测距离的估算

EKV的红外导引头为双波段红外导引头，采用两个256×256HgCdTe的红外焦平面阵列，其工作波段为长波红外（$14 \sim 100 \mu m$）。有资料显示[7]EKV红外导引头视场角约为$30°$，因此，令EKV导引头最大探测距离为R_1，视场角为α，则其理论可探测区域为图2.3中封闭区域（圆锥体加球冠所包含的区域）。

设拦截弹导引头启动时刻与进攻弹头相对距离为R_1，进攻弹头不机动则必然进入拦截弹红外导引头视场内，如果要确保进攻弹头不被EKV红外导引头探测到，那么进攻弹头要从M点开始机动，到进入EKV导引头探测区域内之前机动到A点。显然，只要进攻弹头机动距离R（图2.3中为AO'）满足下

式就能保证不被 EKV 红外导引头探测到：

$$R > \sin\frac{\alpha}{2} R_I \tag{2.3}$$

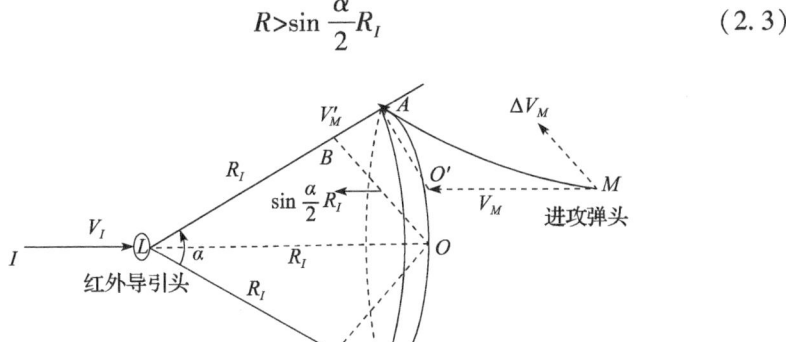

图 2.3　EKV 红外导引头探测区域示意图

EKV 对目标的探测距离 R_I 可用下式表示[24]：

$$R_I = \sqrt{\frac{A \cdot J \cdot \tau_A \cdot \tau_0 \cdot D^*}{(A_D \cdot \Delta f)^{1/2} K}} \tag{2.4}$$

式中：A 为 EKV 光学系统的有效入射孔径面积；J 为目标的平均辐射强度；τ_A 为距离 R_I 处的平均大气光谱透过率；τ_0 为光学系统的平均光谱透过率；D^* 为探测器平均光谱比探测率；A_D 为探测器的有效面积；Δf 为光学系统的噪声等效带宽；K 为信噪比。

从式（2.4）可以看出，影响探测距离的因素有如下 4 个部分。

(1) 目标和大气参数：J，τ_A。

(2) 光学系统参数：A，τ_0。

(3) 探测器参数：D^*。

(4) 系统特性和信号处理参数：$(A_D \cdot \Delta f)^{1/2}$，$K$。

以某型远程弹道导弹的弹头为例，可以确定其尺寸和投影面积，弹头的表面发射率可根据导弹表面材料的实际发射率测试数据确定。信噪比、噪声等效带宽及光学系统口径等数据根据相关资料确定[25-27]。以下是对进攻弹头探测距离进行计算的起算数据。

弹头尺寸：40cm×60cm。

弹头投影面积：$\pi \left(\dfrac{0.4}{2}\right)^2 = 0.1257 \text{m}^2$。

瞬时视场：150μrad。

目标表面发射率：0.7。

大气透过率：1.0。

光学系统透过率：0.8。

探测概率：0.99。

信噪比：5.5。

等效噪声带宽：100Hz。

光学系统口径：300mm。

探测器像元尺寸：30μm×30μm。

探测器平均光谱比探测率：$5×10^{12}$ cm·$\sqrt{Hz}$·W^{-1}。

导引头所处区域的折射率：1.0。

经计算，得到空间冷背景下（此时，EKV 在进攻弹头下侧，背景温度取为4K），波段为 3.4~4.0μm 时，EKV 对弹头的探测距离为 801.6km。由对 GBI 作战时序的分析可知，EKV 在最后 1min 左右，其红外导引头才捕获目标，此时，EKV 的速度在 7.0~10.0km/s，而对射程在 3000~10000km 的弹道导弹来说，进攻弹头的速度达到了 5.0~8.0km/s，且由于 EKV 是迎面逆轨道拦截，故两者在最后的弹道近似为一条直线。如果相对速度按 14km/s 计算，EKV 将于 57.257s 后拦截进攻弹头。这说明计算结果是可靠的。

2）机动突防策略的可行性分析

将 R_I=801.6km，α=30°代入式（2.3），可算得进攻弹头所需提前机动距离 R 约为 207.469km。下面简要论证这种机动突防策略的可行性。

(1) 所需机动速度分析。从前面对 EKV 拦截作战程序的分析可知，EKV 与助推火箭分离后，有长达 7~8min 的自由飞行时间。假设进攻弹头在 EKV 与助推火箭分离后，马上实施机动变轨。由图 2.3 可知，进攻弹头脱离 EKV 红外导引头探测区域的最短路径是沿与 EKV 红外导引头圆锥体探测区域的边线相垂直的方向（即图 2.3 中垂直于 LC 的方向）进行机动。令进攻弹头机动后的速度增量为 ΔV_M，则经过 7min 的无控滑行后，进攻弹头可产生约 ΔV_M·420（m）的机动距离。要使 ΔV_M×420＞207469m，速度增量 ΔV_M 必须达到 493.97m/s。显然，如此大幅度的机动对能量的需求是很大的，将迫使进攻弹头不得不承载更多的推进剂，但随着弹头整体质量的增加，其射程又将受很大的影响（对具有洲际射程的战略导弹，弹头质量每增加 1kg，导弹射程要缩短 10km 左右[7]）。

(2) 对落点精度的影响分析。此外，速度增量的大幅度改变对导弹射击精度也会产生重大影响。

根据射程与落点偏差的计算式：

$$\frac{\partial L}{\partial V_M} = \frac{4 \cdot \tilde{R}}{V_M} \frac{(1+\tan^2\Theta_M)\sin^2\frac{\beta_{MC}}{2}\tan\frac{\beta_{MC}}{2}}{v_M\left(r_M - \tilde{R} + \tilde{R}\cdot\tan\Theta_M\tan\frac{\beta_{MC}}{2}\right)} \tag{2.5}$$

式中：$\tilde{R}$ 为平均地球半径，$\tilde{R}=6371000\text{m}$；$v_M$ 为 M 点的能量参数，即

$$v_M = \frac{V_M^2}{\frac{\mu}{r_M}} \tag{2.6}$$

式中：μ 为地心引力常数，$\mu=3.986005\times10^{14}\text{m}^3/\text{s}^2$。

如果 M 点附近的当地弹道倾角按 20° 计算，高度按 160km 计算，493.9738m/s 的速度偏差将造成 2371.1km 的落点偏差。

显然，进攻弹头在有探测信息支持下，通过提前机动使其不被拦截弹红外导引头探测到的机动突防方式实现起来代价太大。

2.3.2 在 EKV 自由段机动，使零控脱靶量大于 EKV 末制导机动能力

1. 突防策略的描述

由前面对 EKV 战术技术性能弱点的分析可知，由于 EKV 自由段有长达数分钟的无控飞行时间，从而为利用 EKV 自由段实施变轨机动提供了良好的机会。因此，在研究弹道中段的突防策略时，不妨考虑利用 EKV 机动距离有限的性能弱点，在 EKV 自由段飞行期间进行一定幅值的机动，使进攻弹头与 EKV 的零控脱靶量超过 EKV 在末制导时的最大机动能力，以此来考察对突防效果的影响。基于这些认识，本书将在 EKV 自由段实施以利用机动 EKV 末制导机动能力有限的战术技术性能弱点作为一种机动方式予以研究。重点考虑需要产生多大的零控脱靶量才能实现成功突防。

2. 突防策略可行性的初步分析

由于大气层外拦截的目标主要在地球引力作用下无控飞行，其运动状态可以精确预测，故拦截弹中制导的终端约束条件不需要使拦截弹与目标之间的相对距离为零，只需要使中制导结束时的零控脱靶量为零或控制在一定范围。因此，如果所拦截的目标始终在重力作用下沿抛物弹道无控滑行，EKV 在与助推火箭分离后，即使不加控制也能经过远距离滑行后直接碰撞拦截目标。这种情况当然是在进攻弹头不机动的前提下出现的，如果进攻弹头能够在 EKV 中制导结束后，通过一小段时间内的持续机动，改变弹道，情况就会大不一样。

假设进攻弹头的最大过载为 20m/s^2（约 $2g$），如果持续机动 1s，则最大可产生 20m/s 的速度增量。由于 EKV 自由滑行段时间长约 7min，因此，

20m/s 的速度增量将导致 8400m 的零控脱靶量。这已经远远超过了 EKV 末制导段的可机动能力，在这种情况下，EKV 即使实施末制导机动寻的，也会"心有余而力不足"。

可见，进攻弹头在 EKV 自由段内实施机动规避，初步判断，似乎在策略上是可行的。在本书第 3 章，将进一步围绕零控脱靶量对突防效果的影响，更深入研究该机动策略的可行性，重点考察进攻弹头机动后零控脱靶量的计算问题、需要多大的零控脱靶量才能大于 EKV 末制导机动能力的问题、所需燃料消耗问题，及对精度的影响问题等。

至于拦截弹的飞行信息，进攻弹头可以通过红外预警卫星探测获取。

2.3.3 在 EKV 末制导段机动，使 EKV 因过载限制而增大脱靶量

1. 突防策略的描述

该机动突防策略是指突防导弹在探测到拦截导弹后，控制突防导弹以一定模式的机动使拦截导弹产生脱靶量，从而实现突防。由于防御系统是依据防御传感器所探测到的信号估算攻击弹头的弹道轨迹的，所以可以让弹头做出难以预测的机动，以避开拦截器飞行轨迹。杀伤拦截器从接收到信号到计算好飞行轨迹之后有一个时间差，当弹头改变了弹道，杀伤拦截器可以再机动的时间、距离可能都太短，从而造成拦截失败。

在 EKV 末制导段实施使 EKV 因过载限制而增大脱靶量的机动策略可以按 EKV 所采用的末制导形式分为两种：第一种是当 EKV 采用比例导引时，进攻弹头在一定方向进行机动引起 EKV 较大的视线角速率[31]，主要考查进攻弹头机动方向对 EKV 制导参量饱和的影响，并据此分析其脱靶量的大小；第二种是当 EKV 采用预测命中点拦截的制导方式时，进攻弹头基于一定的机动能力，选择不同机动、不同时机和方向实施机动对脱靶量的大小影响。下面分别对两种机动策略进行较为详细的描述。

1) EKV 采用比例导引时，进攻弹头使用产生较大视线角速度方式机动

当 EKV 采用比例导引方法时，它通过控制垂直视线方向的机动过载 n_y、n_z 使视线高低角、视线偏角转率趋向于零，这样，只要在停控时刻（与目标已充分接近）视线角转率充分接近于零，拦截弹就可精确命中目标[28-30]。如果目标在一定方向进行机动后引起较大的视线角速率[31]，就会使拦截弹对机动过载 n_y、n_z 的需求上升，当需求过载大于拦截弹最大可用过载，将导致其制导参量饱和，即产生"制导盲区"，使拦截失败。拦截弹"制导盲区"产生的情形亦可描述为：进攻弹头通过机动将使视线角转率产生较大变化，当 EKV 采用最大轨控过载进行拦截（其飞行轨迹近似于一个圆弧）仍无法抑制

视线角转率变化,就将产生制导盲区。此时,弧线曲率半径大于圆弧圆心到进攻弹头的距离。将拦截问题简化在平面内进行研究,设进攻弹头通过机动在某时刻使拦截弹产生"制导盲区"[32],将此时刻视为拦截弹脱靶的临界状态,如图2.4所示,即 $OI>OM$。

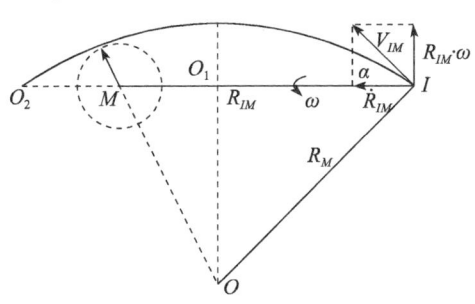

图2.4　EKV采用比例导引时以圆轨道拦截进攻弹头示意图

2) EKV采用预测命中拦截时,进攻弹头按使EKV过载饱和的方式机动

预测命中点是预先计算来袭弹头和拦截器的飞行弹道,确定出瞬时遭遇点,该点即为预测命中点,然后导引拦截器向该点接近[32]。对于来袭弹头,如果不进行机动,确定反导拦截飞行方案后,其命中点是空间的一个固定位置。即使进攻弹头进行某种机动,但预测命中点变化速度是很小的,对这个静止或低速变化的空间位置进行导引将大大提高EKV与进攻弹头的速度比,减小拦截弹道需用过载,并提高拦截效果。

根据EKV的这种末制导段的制导律,这里所设计的进攻弹头机动策略利用EKV过载受限的弱点,选择适当的方向和时机进行机动,使EKV因过载达到饱和而丧失拦截时机。

由于EKV在拦截机动目标时,为保证较高的拦截成功率,其瞄准点始终取EKV与进攻弹头两者的假想交会点,因此,在EKV无法实时探测目标相对距离信息的情况下,只能依靠对目标当前飞行信息的估计来调整自身的飞行状态。若进攻弹不改变发动机的工作状态,则EKV很精确地估计出进攻弹的位置(误差小于0.2m),此时可以实现成功拦截。但是当进攻导弹进行变轨机动时,由于EKV的导引头有一定探测周期,所以只有在导引头探测到进攻弹状态发生改变之后才能校正飞行状态。因此,EKV所估算的进攻弹飞行信息就会与进攻弹的真实飞行信息产生偏差。如果双方相遇时,两者仍旧存在足够大的位置偏差,就会造成足够大的脱靶量,那么进攻弹就实现了成功规避。

进攻弹头的机动突防策略可以用图2.5加以描述。

图2.5中,M、L分别为进攻弹头与EKV初始点位置,V_M、V_L分别为初

始速度。进攻弹头在与速度方向 V_M 以角度 γ 施加机动加速度,其初始速度增量为 ΔV。此时,进攻弹头速度方向变化为 α,拦截器与进攻弹头的交会点从原来的 B 点移动到 E 点,实际入射角变为 $\theta_L+\alpha$。设进攻弹头飞行到 A 点、拦截器飞行到 O 点时,拦截器依靠自身探测设备探测到进攻弹头速度及位置信息发生的变化,并实施变轨机动拦截机动。EKV 的拦截策略有两种:第一种是 EKV 按圆轨道选择在 C 点拦截;第二种是 EKV 按预测拦截点制导律选择在 C' 点拦截。哪种拦截方式的拦截效率高,需要做进一步研究。对于进攻弹头而言,如果使 EKV 机动所需的机动过载 V_I^2/R_I 大于 EKV 发动机所能提供的最大过载,则拦截失败。

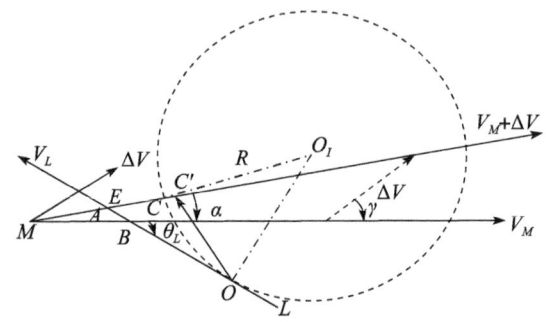

图 2.5　进攻弹头选择不同方向机动时与 EKV 位置变化示意图

2. 突防策略可行性的初步分析

1) EKV 采用比例导引时进攻弹头在 EKV 末制导段机动策略可行性分析

关于 EKV 采用比例导引时,进攻弹头末制导机动策略的分析可以参考文献 [7,33-34] 等进行。根据图 2.5 所描述的状态,有[35]:

$$\begin{cases} V_{IM}=\sqrt{\dot{R}_{IM}^2+(R_{IM}\cdot\omega)^2} \\ \Delta A=A_I-A_M \\ R_M=V_{IM}^2/\Delta A \\ r=R_M-OM \\ MO=\sqrt{MO_1^2+OO_1^2} \\ \sin\alpha=R_{IM}\omega/V_{IM} \\ \cos\alpha=\dot{R}_{IM}/V_{IM} \\ OO_1=R_{IM}\cos\alpha \\ MO_1=\begin{cases} R_{IM}-R_M\sin\alpha,IO_1<R_{IM}<IO_2 \\ R_M\sin\alpha-R_{IM},R_{IM}<IO_1 \end{cases} \end{cases} \quad (2.7)$$

式（2.7）：V_{IM} 为目标与拦截弹相对速度；R_{IM} 为拦截弹与目标视线距；$\dot{R}_{IM}$ 为视线距变化率；ω 为视线角变化率；A_I、A_M 分别为拦截弹与目标相对速度法向的加速度；ΔA 为相对速度法向的相对加速度；R_M 为拦截弹最大法向过载下的拦截轨迹曲率半径；MO、OO_1、MO_1、IO_1、IO_2 表示距离；α 为相对速度 V_{IM} 与视线 R_{IM} 的夹角；经代换可得，脱靶量 r 的表达式为

$$r = \frac{\dot{R}_{IM}^2 + (\omega R_{IM})^2}{\Delta A} - \left[R_{IM}^2 - \frac{2R_{IM}^2 \omega [\dot{R}_{IM}^2 + (\omega R_{IM})^2]^{0.5}}{\Delta A} + \frac{[\dot{R}_{IM}^2 + (\omega R_{IM})^2]^2}{\Delta A^2} \right]^{0.5}$$

（2.8）

由前面的分析知，在 EKV 拦截末段，EKV 近似逆轨道拦截进攻弹头，故视线距变化率相当于两者的相对速度。在这里，将 $\dot{R}_{IM}$ 取为 14000km/s，EKV 最大法向过载取为 $4g$。图 2.6 所示为机动时刻（即拦截弹与进攻弹头的视线距）、视线角变化率 ω 与脱靶量的变化关系图。

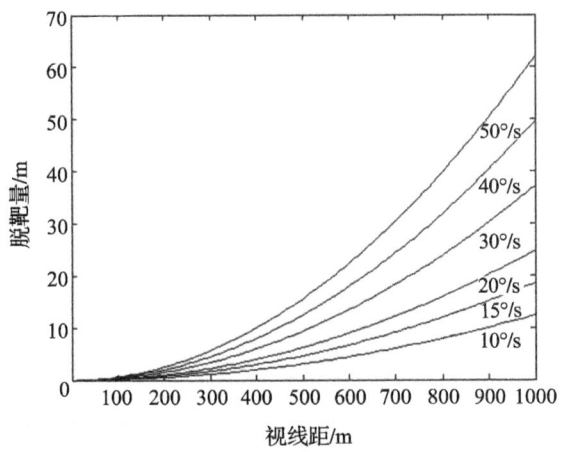

图 2.6　EKV 以比例导引方式拦截进攻弹头视线距与脱靶量关系图

可见，在拦截弹产生"制导盲区"时 r 的大小受视线角转率 ω 和相对距离 R_{IM} 的影响较大，ΔA 代表了拦截弹相比进攻弹头在机动能力上的优势大小，ΔA 越大，拦截性能越好。

由式（2.4）分析进攻弹头过载与脱靶量的关系，得到图 2.7 所示的进攻弹头过载在 $0.1 \sim 1.0g$ 取值时脱靶量的变化示意图。

从图 2.7 中可以看出，进攻弹头的过载对脱靶量基本不产生影响。这可能与实际情况不符，也说明基于"制导盲区"推导得出的脱靶量的解析表达式还是存在有待改进的地方。关于在 EKV 末制导段实施机动规避效果的有效性

分析和脱靶量的推导过程将在第4章中进行。

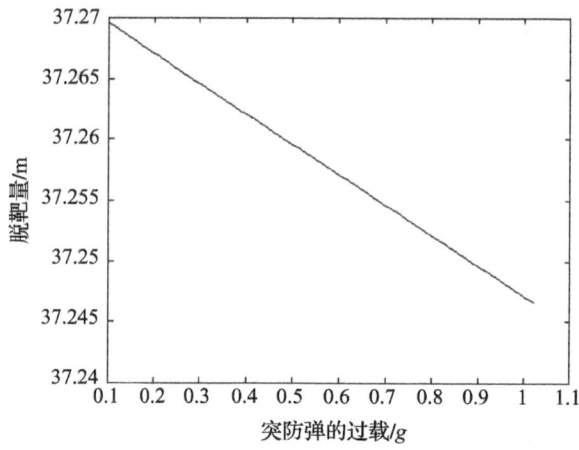

图2.7 弹头过载在0.1~1.0g取值时脱靶量变化示意图（$\omega = 30°/s$）

2) EKV采用预测命中点拦截时,进攻弹头在EKV末制导段机动策略的可行性分析

当EKV采用预测命中点拦截时,分析进攻弹头在末制导实施机动规避策略的有效性,主要是指该机动方案是否能达到要求的脱靶量并满足规定的精度要求,战略导弹在EKV末制导段的机动规避突防策略是否有效,是否可行,主要分析以下问题:

(1) 突防导弹的过载要求,进攻弹头的轨控发动机一般采用液体燃料发动机,突防机动推力有限,其机动加速度小。在此情况下,能否使拦截弹产生大的脱靶量（我们设定的脱靶量为10m）?

(2) 进攻弹头的燃料消耗限制,突防机动所能携带的燃料是有较严格限制的。因为突防系统质量载荷影响射程和精度,弹载燃料过多会使导弹的射程减少,并影响导弹的攻击精度,所以机动突防的弹载燃料越少越好。

(3) 机动对落点精度的影响要求,弹道导弹做突防机动导致导弹偏离原飞行弹道,造成弹着点散布误差,需要评估其误差的量级如何确定（弹着点散布误差增加量小于$20\% \cdot \varepsilon$ (3σ)）。

具体的建模与分析推导工作将在第4章中进行。

2.3.4 进攻弹头实施两次机动变轨的规避策略

1. 突防策略的描述

进攻弹头实施两次机动变轨的规避突防策略是指为突破同一枚EKV的拦

截，进攻弹头在 EKV 自由飞行段和末制导段结束后分别进行一次变轨机动。第一次变轨机动是利用 EKV 对目标的探测距离有限的技术缺陷，以较小燃料消耗达到足够大的零控脱靶量；第二次变轨机动是利用 EKV 固体燃料发动机可持续工作时间较短，发动机一旦使用将无法再次开机的缺陷，在 EKV 发动机燃料耗尽之后，再次处于无控滑行状态情况时，进攻弹头进行第二次机动，产生达到规定要求的脱靶量，并通过对进攻弹头机动方向等轨控发动机参数的优化设计来修正第一次机动规避引起的落点偏差。

2. 突防策略可行性的初步分析

1) EKV 对轨控发动机开机时刻的控制

为对进攻弹头实施两次机动变轨突防策略的可行性进行初步分析，首先研究 EKV 对轨控发动机开机时刻的控制策略。对于 EKV 而言，由于轨控发动机点火之后，无法进行再次点火，为防止在 EKV 轨控发动机停止工作之后，进攻弹头可能会利用碰撞拦截之前 EKV 又将处于无控滑行状态而再次实施变轨机动，故 EKV 应尽量把轨控发动机关机之后至拦截之前的剩余飞行时间压缩至最短。由表 2.1 可知，EKV 在末制导段的可持续机动时间约为 5~7s，如果 EKV 与进攻弹头的相对速度按 14km/s 计算，则 EKV 在距离目标 98km 处开机是最理想的。当然，这是在 EKV 与目标的零控脱靶量很小，或零控脱靶量小于 EKV 最大机动距离的情况下计算得到的理想开机时刻。

2) 零控脱靶量对于 EKV 轨控发动机开机时间的影响

当 EKV 与目标的零控脱靶量大于 EKV 最大机动距离时，EKV 开机时间将不得不提前。用图 2.8 所示的 EKV 与进攻弹头相对位置关系图予以说明。

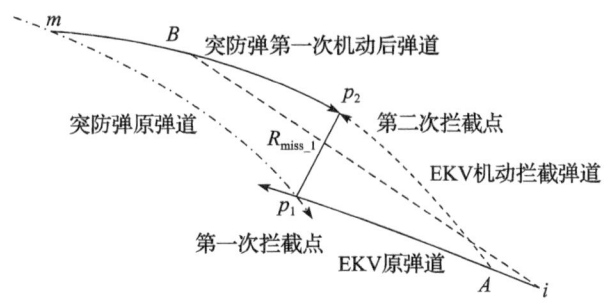

图 2.8　EKV 与进攻弹头相对位置关系图

图 2.8 中 p_1 点是进攻弹头如果不机动，沿原弹道 mp_1 飞行时，必将会被 EKV 拦截的点。m 点是进攻弹头在 EKV 自由段飞行开始时实施的机动变轨位置，经过数分钟的无控飞行后，到达 B 点。被 EKV 在 i 处探测到，EKV 估算

出如果继续沿原弹道飞行,将产生 $R_{\text{miss\_1}}$ 的脱靶量。为了消除这个因进攻弹头在 EKV 自由飞行内机动引起的零控脱靶量,EKV 不得不重新规划发动机开机时间。

令 EKV 的机动加速度为 a_I,则在 ΔT($\Delta T \leqslant 7\text{s}$)时间段内进行机动所产生的位置偏差约为 $a_I \cdot \Delta T^2 / 2$,产生的速度增量为 $a_I \cdot \Delta T$。在 $a_I \cdot \Delta T^2 / 2 \leqslant R_{\text{miss\_1}}$ 的情况下,要消除剩下的零控脱靶量偏差,只能靠 EKV 末制导结束后的剩余飞行时间来解决。令剩余飞行时间为 t_{Is},则 t_{Is} 必须满足下式:

$$a_I \cdot \Delta T \cdot t_{Is} \geqslant R_{\text{miss\_1}} - \frac{1}{2} a_I \cdot \Delta T^2 \tag{2.9}$$

由进攻弹头在 EKV 自由飞行内机动引起的零控脱靶量 $R_{\text{miss\_1}}$ 而产生剩余飞行时间 t_{Is} 就是进攻弹头第二次机动的可用机动时间。显然,t_{Is} 越大,进攻弹头所能产生的脱靶量就越大。

如果进攻弹头的最大机动加速度为 0.4m/s^2,则只需要提供 7.07s 的剩余飞行时间即可产生 10m 的脱靶量。而要产生 7.07s 的剩余飞行时间,$R_{\text{miss\_1}}$ 需要达到 2900m,进攻弹头的速度改变量应控制在 6.9048m/s,两次机动变轨的总时间为 24.3331s。如果进攻弹头的最大机动加速度为 0.3m/s^2,需提供 8.165s 的剩余飞行时间,$R_{\text{miss\_1}}$ 需要达到 3200m,两次机动变轨的总时间为 33.5617s。显然,对于小推力的液体发动机而言,这种机动方案是可以接受的。

进攻弹头采用两次机动变轨规避突防,还涉及各种轨控发动机参数的设计及弹道的优化,本书第 5、6 章将进行详细研究。

2.4 本章小结

在弹道中段利用拦截弹固有技术缺陷实施机动规避突防的策略主要包括:采用大范围机动使 EKV 导引头失去目标;采用一定幅度开展弹道机动,使拦截器因燃料有限而无法实施拦截;在拦截器与机动弹头碰撞前适当时间,利用拦截器过载限制进行机动而增大脱靶量。本章对各种机动突防策略的可行性做了初步对比分析,更深入的研究将在后续章节中展开。

参考文献

[1] 董汉权,陆铭华. 针对国家导弹防御系统突防措施研究 [J]. 现代防御技术,2004,32(3):15-18.

[2] Newman B. Exoatmospheric Intercepts Using Zero Effort Miss Steering for Midcourse guidance [J]. NASA STI/Recon Technical Report A, 1993，95：415－433.

[3] BURNS W G. Kinetic kill vehicle flight test program [C] //Aerospace Design Conference. California：American Institute of Aeronautics and Astronautics. 1992：1211.

[4] Phillips C A, Malyevac D S. Pulse Motor Optimization via Mission Charst for an exoatomspheric Interceptor [J]. Journal of guidance, control, and dynamics, 1998, 21 (4)：611-617.

[5] Fowler K R. Instrumentation for ballistic missile defesne：Lessons learned from the LEAP experiment [J]. IEEE Transactions on Instrumentation and Measurement, 1998, 47 (5)：1092-1095.

[6] Daniel B, Mc Allister. Planning with imperfect information：interceptor assignment [R], Massachusetts：Massachusetts Institute of Technology, 2006.

[7] Uzun K. Requirements and limitations of boost-phase ballistic missile intercept systems [R]. Monterey, California：NAVAL POSTGRADUATE SCHOOL MONTEREY CA INST FOR JOINT WARFARE ANALYSIS, 2004.

[8] 张磊．弹道导弹突防问题的研究 [D]．北京：北京航空航天大学，2002.

[9] 邱荣钦．雷达技术的发展 [J]．电子科学技术评论，2005，(3)：1-6.

[10] 袁俊．NMD 系统进行第 11 次拦截试验 [J]．中国航天，2007，(1)：38-39.

[11] 谢春燕，李为民，娄寿春．反导系统拦截弹技术综述 [J]．飞航导弹，2004 (3)：22-27.

[12] Zarchan P. Tactical and strategic missile guidance [M]. Reston, VA：American Institute of Aeronautics and Astronautics, Inc, 2012.

[13] 刘世勇，吴瑞林，周伯昭．大气层外拦截弹中段制导研究 [J]．宁航学报，2005，26 (2)：156-163.

[14] Taurus Launch System Payload User's Guide [EB/OL]（1999－09－01） [2021－01－09]. http：//www.georing.biz/usefull/Taurus_User_Guide.pdf.

[15] Orbital Sciences Corporation. Pegasus User's Guide [EB/OL].（1999-09-01）[2021-01-18]. http：//www.georing.biz/usefull/Taurus_User_Guide.pdf.

[16] Defense Department Successfully Intercepts Missile in Test [EB/OL].（2017-05-30）[2021-01-19]. https：//www.defense.gov/News/News-Stories/Article/Article/1197192/defense-department-makes-successful-missile-intercept-in-test/.

[17] Postol T A. MISSILE DEFENSES Assessment of Testing Approach Needed as Delays and Changes Persist [R]. Washington：United States Government Accountability Office, 2020.

[18] Aydin A T. Orbit selection and EKV guidance for space based ICBM intercept [D]. Monterey, California：Naval Postgraduate School, 2005.

[19] Postol T A. Why missile defense won't work [EB/OL].（2002－04－01）[2021－X－X]. https：//www.technologyreview.com/2002/04/01/235142/why-missile-defense-wont-work/.

[20] Postol T A. Full scale exoatmospheric kill vehicle [EB/OL].（2005-05-02）[2021-01-16]. http：//www.ammodel.com/.

[21] 赵秀娜．机动弹头的智能规避策略研究 [D]．长沙：国防科学技术大学，2006.

[22] 刘石泉．弹道导弹突防技术导论 [M]．北京：中国宇航出版社，2003.

[23] Robinson S D. Navy Theater-Wide Defense AEGIS LEAP Intercept（ALI）/STANDARD Missile Three（SM-3）Flight Test Program Overview [R]. McLean, VA：STANDARD MISSILE CO MCLEAN

VA，1997.

[24] 王兰，王垦，周彦平.EKV红外导引头探测距离估算［J］.装备指挥技术学院学报，2006，17（2）：72-76.

[25] 杰哈 A R.红外技术应用：光电、光子器件及导引头［M］.张孝霖，陈世达，舒郁文，等译.北京：化学工业出版社，2004.

[26] 吴军辉，朱景成.红外成像系统对点目标动态探测概率分析［J］.红外技术，2000，22（1）：40-44.

[27] 苏红宇，柴饶军，马彩文.复杂背景下运动小目标亚像元识别定位算法［J］.微电子学与计算机，2004，21（10）：60-63.

[28] 周荻.寻的导弹新型导引规律［M］.北京：国防工业出版社，2002.

[29] 程凤舟.拦截战术弹道导弹末段导引和复合控制研究［D］.西安：西北工业大学，2002.

[30] 张雅声，程国采，陈克俊.高空动能拦截器末制导导引方法设计与实现［J］.现代防御技术，2001，29（2）：31-34.

[31] 吴瑞林.弹道导弹机动突防研究［J］.863先进防御技术通讯（A类），2001（8）：12-29.

[32] 程国采.战术导弹导引方法［M］.长沙：国防科技大学出版社，1995.

[33] 崔静.导弹机动突防理论及应用研究［D］.北京：北京航空航天大学，2001.

[34] 罗珊.弹道导弹反拦截机动变轨突防技术研究［D］.西安：西北工业大学，2006.

[35] 姜玉宪.具有规避能力的末制导方法［C］//中国航空学会控制与应用第八届学术年会论文集.北京：中国航空学会，1998：75-79.

第3章
两种中末制导交接班情况下的拦截器制导方法

在造成 EKV 脱靶的三大主要因素中，EKV 导引律的性能很重要。设计符合拦截作战实际作战特点的 EKV 制导律，既是保证拦截脱靶量计算结论可靠的基本前提，也是用于评估进攻弹头规避方案有效性的重要基础。本章以大气层外动能拦截器在中末制导交接班时可能存在的两种情况为背景，分别研究 EKV 基于最短剩余飞行时间的拦截制导方法和基于预测拦截点的最优导引拦截方法。

3.1 引言

制导律描述飞行器空间运动轨迹，并提供飞行器质心运动应遵循的准则。对用于弹道中段拦截的 EKV 而言，设计既符合拦截作战实际作战特点，又能满足拦截精度要求的制导律，是进行弹道导弹突防仿真研究的前提与基础，也是本研究首先需要解决的难点问题。

关于 EKV 制导方法的研究，其成果颇多。纯追踪法、常值前置角追踪法、平行接近法和比例导引法作为自动寻的飞行器的经典制导方法，一直备受重视。到目前为止，许多自动寻的飞行器实际使用的拦截末制导方法仍然以比例导引（Proportional Navigation，PN）律为基础而设计。而国内外关于自寻的飞行器制导方法的研究，也有相当一部分是围绕对比例导引律性能的改进而展开的。国外研究人员对比例导引的解析解[1-5]、比例导引下自寻的飞行器的拦截脱靶量[6]及对于机动目标的导引拦截性能[7-10]都有过深入的研究。现代最优控制理论也证明了比例导引是对非机动目标（包括目标以定向定速运动）实现终端脱靶量和控制能量二次方最小控制问题的最优解。但是，对于机动目标的拦截，以比例导引律为核心的传统制导方法也存在拦截机动过载较大、拦截脱靶量较大等弱点[11]。随着现代控制理论的发展，以优化理论为基础的寻的系统制导律设计成为精确制导领域的研究重点[12]。在非线性拦截系统制导设计中，模糊控制[13]、反馈精确控制[14]、离散非线性控制[15]及滑模变结构控制[16]等理论得到广泛应用，形成了各种形式的最优导引律[17-32]。

拦截建模的背景、具体拦截策略和终端约束的不同，会使导引律设计的具体形式因性能指标的选取、控制积分限制和终端约束的不同而表现各异，故在制导律设计之初，需要结合 EKV 实际拦截作战背景进行分析。

3.2　EKV 拦截制导问题描述

由于制导方式总是服从和服务于制导目的，而制导的要求和目的又直接决定着飞行器在具体制导方式上的选择，因此，从 EKV 实际拦截作战的特点出发，正确分析 EKV 拦截过程中制导控制的目的和要求，是进行拦截制导方式选择的基础和前提。为此，需要在简要介绍 EKV 拦截作战制导过程的基础上，再结合突防技术的发展状况，才能对 EKV 实际拦截作战过程中可能面临的情况做出较为准确的判断，才能对 EKV 拦截制导的目的和要求做出符合 EKV 拦截作战特点的正确分析。

3.2.1　概念说明

为便于本书后续研究工作的开展，首先对几个相关的概念予以说明。

(1) 零控脱靶量。零控脱靶量是指在当前状态下，敌我双方均不施加控制时的脱靶量。由于在大气层外飞行时，EKV 和进攻弹头主要是在地球引力作用下做无控飞行，因此，零控脱靶量实际是指两者在重力影响下自由飞行运动的最小相对距离[33]。

(2) 零控拦截流形。零控拦截流形是指拦截弹不加控制也能在有限时间内实现拦截的状态[34]。

(3) EKV 的机动距离。EKV 的机动距离是指 EKV 沿机动弹道飞行若干时间与沿原弹道飞行相同时间，在空间上所产生的距离偏差。

(4) EKV 的最大机动距离。由于目前 EKV 轨控发动机的工作模式是一次点火、连续机动，因此，轨控发动机一旦点火，就只能改变推力的方向，而无法停止，不能进行第二次点火，当轨控发动机推力方向恒定，推力持续时间最长时所产生的机动距离应是最远机动距离。EKV 性能参数中的 EKV 最大机动能力其实是指轨控发动机工作期间所产生的最大机动距离。根据有关资料[35-36]，EKV 轨控发动机可持续提供推力的时间为 5~7s，其最大机动过载约

为 $4g$，据此计算得到的 EKV 在轨控发动机工作期间的最大可机动距离应是 960.4m。

3.2.2 EKV 拦截制导性能分析

由第 2 章对 GBI 拦截作战制导过程的分析可知，GBI 的制导过程主要包括程序飞行、初制导、自由飞行、中制导和末制导 5 个阶段。可见，GBI 的整个拦截制导过程是很严密的，如果完全按照拦截系统设计好的拦截流程进行制导拦截，EKV 将具备很高的拦截能力。国内某些文献正是通过对 GBI/EKV 上述拦截制导过程的建模，甚至得出 EKV 对沿固定抛物线弹道飞行的远程弹道导弹可以实现毫米级脱靶量拦截的结论[37-38]。然而，反导系统所宣传的高精度拦截却与实际打靶拦截试验并不是很高的拦截成功率形成了某种反差。自 1999 年至今，陆基中段拦截系统共进行了 19 次中段试验，其中 13 次拦截试验、6 次分系统试验，13 次拦截试验中失败了 7 次。可见，陆基动能拦截弹理论上拦截精度虽高，但实际的拦截成功率却并不能让人满意。

造成 GBI 拦截成功率并不高的原因或许有多种，但从拦截制导方案角度上讲，还是存在可供利用的弱点。EKV 要实现对突防对象的成功拦截，关键在于 GBI 中制导与末制导交接班时，能将 EKV 基本送至零控拦截流型弹道附近，EKV 才能依靠有限的机动能力实现对机动目标的变轨机动拦截。只是，这种拦截制导过程毕竟是 GBI 所构想的"作战方案"，而要使拦截作战真正按拦截系统所设计的方案"走"下来，必须确保作战方案能够适应"敌情（指突防对象）""己情""战场情况"的变化。然而，突防对象所采取的突防手段（即敌情）是拦截系统控制不了的，而战场情况的变化也未必会完全如 GBI 拦截作战所愿，提供一个各种制导阶段得以顺利进行交接班的环境。

客观地说，通过对 GBI/EKV 拦截制导过程的分析，可以看出，GBI 所设想的整个拦截制导过程几乎不存在破绽，但这并不意味着实际突防与拦截对抗过程中作战对手不能在 EKV 制导环节上创造破绽。由于现代隐身技术、雷达干扰、多弹头技术、弹头诱饵及变轨机动等综合突防技术的发展，突防对手完全有可能打破 GBI 中末制导交接班时的条件，使 EKV 在中制导结束后仍然存在较大的零控脱靶量。图 3.1 所示为一种针对 GBI 中制导的诱饵伴飞突防方式。

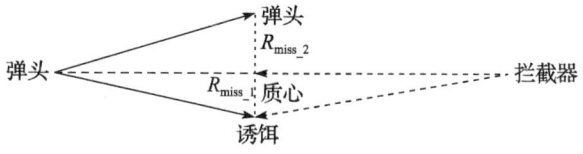

图 3.1　针对 GBI 中制导的诱饵伴飞突防方式

根据图 3.1，弹头与一个诱饵伴飞，如果拦截器以诱饵为拦截对象进行中制导，在中末制导交接班时，将产生 $R_{\text{miss\_1}}$ 的零控脱靶量；如果拦截器不能确定弹头位置，仍以诱饵与弹头之间的位置质心为目标进行制导飞行，至 EKV 红外导引头发现并识别目标时，所产生的脱靶量将为 $R_{\text{miss\_2}}$。可见，GBI 的中制导与末制导的交接班条件是可以被打破的。在这种存在较大零控脱靶量的情况下，EKV 还能不能拦截目标？拦截的策略是什么？其制导方式是什么？这是我们所要关注的问题。

在本章中，将按照 GBI 能够顺利实现中末制导和中末制导交接班条件被打破两种情况来研究 EKV 的拦截制导律。由于 EKV 制导方式的选择取决于拦截策略，因此首先分析 GBI 中末制导顺利和不顺利两种情况下 EKV 的拦截策略。

3.2.3 EKV 拦截策略分析

当 GBI 顺利完成中末制导交接时，由于可以将 EKV 基本送入零控拦截流形弹道，故 EKV 在开始末制导时，其零控脱靶量是比较小的；当 GBI 中末制导交接班条件被打破时，其零控脱靶量则比较大。在这里，本书认为如果 GBI 中末制导交接班时零控脱靶量大于 EKV 的最大机动能力，则认为 GBI 中末制导交接班条件被打破；反之，如果零控脱靶量小于 EKV 的最大机动能力，则认为 GBI 顺利实现了中末制导的交接班。

1. GBI 顺利完成中末制导交接班时

GBI 顺利完成中末制导交接班是指交接班时存在的零控脱靶量要小于 EKV 最大机动能力。在这种情况下，按照 GBI 和 EKV 拦截作战流程的设计，EKV 会在耗尽关机之前拦截掉机动中的进攻弹头。这是因为 EKV 轨控发动机采用的是固体燃料发动机，固体燃料发动机一旦开机，将无法再次点火。为防止在 EKV 轨控发动机停机之后，进攻弹头会利用碰撞拦截之前 EKV 处于无控飞行状态而实施变轨机动，故 EKV 的制导策略是不给进攻弹头留下用于机动变轨的时间窗口，即将剩余飞行时间压缩至零，也就是在耗尽关机之前实现对进攻弹头的机动拦截。

由于 EKV 轨控发动机采用的是固体燃料，发动机一旦工作将无法再次点火，故对于 EKV 而言，一般不需要考虑最省燃料要求下的制导方式问题，因此，在 GBI 顺利完成中末制导交接班时，对于 EKV 拦截制导律的设计，本书从提高拦截脱靶量精度、降低拦截机动过载和提高拦截反应速度等角度综合考虑，拟采取指向预测拦截点的最短拦截时间的策略来完成对拦截制导律的设计。

图 3.2 所示为在 EKV 中末制导交接班存在零控脱靶量小于 EKV 的最大机

动能力情况下，EKV 通过预测前置角方法实现最短拦截时间制导的示意图。

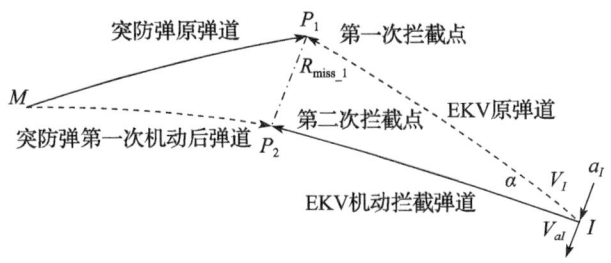

图 3.2　EKV 在末制导段内机动拦截住进攻弹头运动关系示意图

图 3.2 中，弧线 MP_1 为进攻弹头的原弹道，P_1 点为 EKV 选择的拦截点，IP_1 为 EKV 的原弹道。当进攻弹头在 M 点实施变轨后，沿 MP_2 机动弹道飞行，产生了零控脱靶量 $R_{\text{miss\_1}} = P_1 P_2$。当这个零控脱靶量小于 EKV 的最大机动距离（$R_{\text{miss\_1}} < E_{\max}$）时，EKV 能够在末制导段内通过预测前置角机动拦截方式消除零控脱靶量。下面证明无论 EKV 轨控发动机的推力方向如何选择，当其沿固定方向持续机动 $\Delta T_{\max}$ 时间后，EKV 的机动距离将为 $a_I \cdot \Delta T_{\max}^2 / 2$，其中 a_I 为 EKV 的最大机动加速度。

令 t_0 时刻，EKV 的位置为 $[x_s(t_0), y_s(t_0), z_s(t_0)]$，如果 EKV 不变轨，则在经过 $\Delta T_{\max}$ 时间后的 t_1 时刻，它将运动到 $[x_s(t_1), y_s(t_1), z_s(t_1)]$ 处。如果 EKV 在 $[t_0, t_1]$ 以最大机动加速度 a_I 进行机动拦截，将运动到一个新位置 $[x'_s(t_1), y'_s(t_1), z'_s(t_1)]$ 处。$[x'_s(t_1), y'_s(t_1), z'_s(t_1)]$ 点和 $[x_s(t_1), y_s(t_1), z_s(t_1)]$ 点之间的空间距离就是 EKV 机动与不机动引起的位置偏差。

令这个位置偏差为 Δd_M，则

$$\Delta d_M = \sqrt{[x'(t_1)-x(t_1)]^2 + [y'(t_1)-y(t_1)]^2 + [z'(t_1)-z(t_1)]^2} \quad (3.1)$$

令 EKV 的速度 V_I 在地心大地直角坐标系 $o_e x_s y_s z_s$ 下的投影为 $(v_{x_s}, v_{y_s}, v_{z_s})$，除推力外的其他外力引起的加速度在 $o_e x_s y_s z_s$ 坐标系下的投影为 $(a_{Mx_s}, a_{My_s}, a_{Mz_s})$，EKV 轨控推力在 $o_e x_s y_s z_s$ 坐标系下的投影为 $(P_{Mx_s}, P_{My_s}, P_{Mz_s})$，则当 EKV 不机动时，对于 x_s 方向，有

$$\frac{\mathrm{d}v_{x_s}}{\mathrm{d}t} = a_{Mx_s} \quad (3.2)$$

$$\frac{\mathrm{d}x_s}{\mathrm{d}t} = v_{x_s} \quad (3.3)$$

对式（3.2）和式（3.3）进行积分，得

$$v_{x_s}(t_1) - v_{x_s}(t_0) = \int_{t_0}^{t_1} a_{Mx_s} \mathrm{d}t \tag{3.4}$$

$$x_s(t_1) - x_s(t_0) = \int_{t_0}^{t_1} \left[v_{x_s}(t_0) + \int_{t_0}^{t_1} a_{Mx_s} \mathrm{d}t \right] \mathrm{d}t \tag{3.5}$$

在机动情况下,可得

$$x_s'(t_1) - x_s(t_0) = \int_{t_0}^{t_1} \left[v_{x_s}(t_0) + \int_{t_0}^{t_1} \left(\frac{P_{Mx_s}}{m_M} + a_{Mx_s} \right) \mathrm{d}t \right] \mathrm{d}t \tag{3.6}$$

因此

$$x_s'(t_1) - x_s(t_1) = \int_{t_0}^{t_1} \int_{t_0}^{t_1} \frac{P_{Mx_s}}{m_M} \mathrm{d}t \mathrm{d}t = \frac{1}{2} \frac{P_{Mx_s}}{m_M} (t_1 - t_0)^2 = \frac{1}{2} \frac{P_{Mx_s}}{m_M} \Delta T_{\max}^2 \tag{3.7}$$

同样有

$$y_s'(t_1) - y_s'(t_1) = \frac{1}{2} \frac{P_{My_s}}{m_M} \Delta T_{\max}^2 \tag{3.8}$$

$$z_s'(t_1) - z_s(t_1) = \frac{1}{2} \frac{P_{Mz_s}}{m_M} \Delta T_{\max}^2 \tag{3.9}$$

将式(3.7)~式(3.9)代入式(3.1)中,得

$$\Delta d_M = \frac{P_M}{2 m_M} \Delta T_{\max}^2 = \frac{1}{2} a_I \cdot \Delta T_{\max}^2 \tag{3.10}$$

由于 EKV 轨控发动机持续工作时间较短,因此,无论 EKV 的拦截方向如何选择,它在 $\Delta T_{\max}$ 时间段内进行机动所产生的位置偏差是恒定的,约为 $a_I \cdot \Delta T_{\max}^2 /2$,故当零控脱靶量小于 EKV 的最大机动距离时,EKV 能够在末制导段内通过预测前置角机动拦截方式消除零控脱靶量。

2. GBI 中末制导交接班条件被打破时

由于 EKV 以实现对目标的成功拦截为唯一任务,而进攻弹头并不是以成功突防为其唯一的作战任务,故在燃料载荷、机动过载等指标上,EKV 具有显而易见的巨大优势。因此,进攻弹头要实现规避突防,关键在于能否打破 EKV 中末制导时的交接班条件,创造大于 EKV 最大机动能力的零控脱靶量;否则,如果 EKV 顺利完成中末制导交接,将迫使进攻弹头与 EKV 在末制导段内展开以比拼机动性能为特点的拦截/规避机动竞赛。当 EKV 中末制导交接班条件被打破,存在大于 EKV 最大机动能力的零控脱靶量时,我们来分析 EKV 的拦截策略。

通过前面对于拦截器拦截制导过程的分析,可以看出,如果按照反导系统拦截方案的预先构想,显然希望 EKV 能在末制导段内实现对目标的拦截,并不希望在 EKV 末制导结束后还存在对抗过程。但是,在存在较大零控脱靶量

的情况下，EKV显然已经无法仅靠末制导段的机动来消除零控脱靶量，对于剩下的零控脱靶量偏差，只能靠EKV末制导结束后的剩余飞行时间来解决。为防止进攻弹头利用EKV耗尽关机后实施机动突防，EKV应尽量把轨控发动机关机之后至拦截之前的剩余飞行时间压缩至最短，这就是EKV基于最短剩余飞行时间拦截制导策略。

对于EKV而言，如果能够准确计算出进攻弹头的实际弹道，就能够通过预置前置角的选择实施机动拦截。图3.3是在存在较大零控脱靶量$R_{\mathrm{miss\_1}}$时，EKV选择一定前置角开始末制导，突防拦截时双方的运动关系示意图。

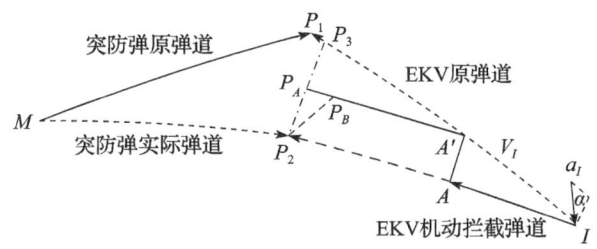

图3.3　EKV燃料耗尽后依靠剩余飞行时间拦截进攻弹头运动关系示意图

图3.3中，弧线MP_1为进攻弹头的原弹道，P_1点为EKV选择的拦截点，IP_1为EKV的原弹道。当进攻弹头实施突防对抗措施后，沿MP_2弹道飞行，与EKV原弹道的零控脱靶量为$R_{\mathrm{miss\_1}}$，两弹道的最近点分别为P_2和P_3点，显然有

$$R_{\mathrm{miss\_1}} = P_3 P_2 \tag{3.11}$$

由于EKV采用轨控发动机侧向力控制方式进行机动拦截，其轨控发动机产生的推力主要用于改变速度的方向，可以证明，使EKV剩余飞行时间压缩至最短的EKV末制导最优策略是使轨控发动机直接沿零控脱靶量所在的P_3P_2方向持续产生推力，直到EKV轨控发动机耗尽关机。

令EKV轨控发动机推力产生的机动加速度大小为a_I，与P_3P_2方向成α角度，将EKV的运动分解成沿EKV原弹道方向和P_3P_2方向。令EKV轨控发动机的最大持续工作时间为$\Delta T_{\max}$，在零控脱靶量$R_{\mathrm{miss\_1}}$大于EKV最大机动距离的情况下，EKV机动到A点，其燃料已经耗尽，但只能消除零控脱靶量的P_2P_A，在$\Delta T_{\max}$时间段内，EKV沿P_3P_2方向所机动的距离为AA'：

$$AA' = P_2 P_A = \frac{1}{2} a_I \cdot \cos\alpha \cdot \Delta T_{\max}^2 \tag{3.12}$$

EKV在A点关机后，EKV经轨控发动机以a_I的机动加速度在P_3P_2方向持续加速$\Delta T_{\max}$段时间后，产生的机动速度为ΔV_A：

$$\Delta V_A = a_I \cdot \cos\alpha \cdot \Delta T_{\max} \quad (3.13)$$

令 EKV 在与进攻弹头相碰撞前的剩余飞行时间 t_{Is} 内，EKV 将继续机动飞行 $a_I \cdot \Delta T_{\max} \cdot t_{Is}$ 的距离，以消除剩下的零控脱靶量 P_3P_A：

$$P_3P_A = a_I \cdot \cos\alpha \cdot \Delta T_{\max} \cdot t_{Is} \quad (3.14)$$

t_{Is} 与 R_{miss_1} 存在如下关系：

$$a_I \cdot \cos\alpha \cdot \Delta T_{\max} \cdot t_{Is} = R_{\text{miss}\_1} - \frac{1}{2} a_I \cdot \cos\alpha \cdot \Delta T_{\max}^2 \quad (3.15)$$

$$t_{Is} = \frac{R_{\text{miss}\_1}}{a_I \cdot \cos\alpha \cdot \Delta T_{\max}} - \frac{\Delta T_{\max}}{2} \quad (3.16)$$

显然，使 t_{Is} 最小的机动方向应为 $\alpha = 0°$。可见，沿零控脱靶量所在的 P_3P_2 方向持续产生推力是使 EKV 剩余飞行时间压缩至最短的制导方案。

从式（3.16）也可以看出，要使剩余飞行时间最短，必须让 EKV 轨控发动机持续工作至耗尽关机为止。故在零控脱靶量大于 EKV 最大机动距离的情况下，不需要考虑控制关机时刻。

3.3 基于预测拦截点的 EKV 最短拦截时间导引方法

拦截弹如果采用比例导引方法对来袭弹头进行拦截，由于飞行速度很大，为准确地导引拦截弹沿理想弹道接近目标，往往需要很大的法向加速度，很容易因为过载饱和或受干扰而引起脱靶。因此，本书在设计零控脱靶量较小的情况下 EKV 末制导段的制导律时，考虑采用基于预测命中点的最优导引拦截方法，以达到改善拦截弹道性能，提高拦截精度的目的。

考虑到 EKV 在末制导拦截过程中是利用轨控发动机的直接侧向力实现快速变轨的，故在空间机动拦截过程中，其空间运动的切向速度远大于法向速度。在脱靶量的计算模型上，取进攻弹头与拦截器之间的相对距离作为脱靶量。由此建立拦截器与预测命中点的偏差方程，作为导引律设计的基本模型。

3.3.1 拦截过程运动分析

设计能够满足 EKV 拦截作战实际需求的制导律是保证进攻弹头脱靶量计算结论可靠的基础。我们从 EKV 拦截作战实际特点出发，设计基于预测拦截点的 EKV 最优末制导律。

由于在实际拦截对抗过程中，EKV 和进攻弹头在一般情况下不可能保持在射击平面内的运动，因此，在描述 EKV 与进攻弹头的空间运动时，可以考虑将突防拦截分解成两个相互垂直的平面内的运动,分别推导各自平面内的制导律。

根据上述分析,画出 EKV 与进攻弹头的运动关系示意图。应指出的是,由于 EKV 在末制导时采用的是逆轨拦截方式,故可将拦截器与进攻弹头的运动看成是在同一射击平面内的二维运动。现以发射坐标系中的 OX 轴为参考线,做出图 3.4 所示的拦截对抗双方的运动关系示意图。

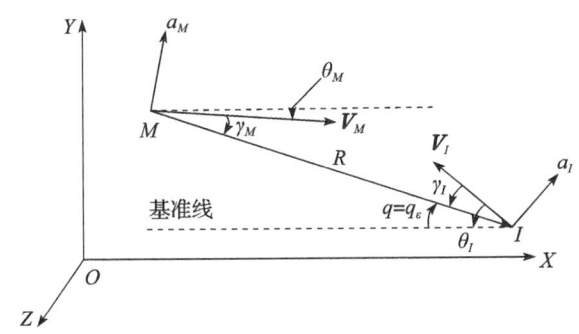

图 3.4　EKV 与进攻弹头在发射系内相对运动关系示意图

图 3.4 中 OXY 为射击平面,进攻弹头的质心为 M,EKV 的质心为 I,(x_m, y_m) 和 (x_i, y_i) 分别为进攻弹头和 EKV 在射击平面的位置。连线 MI 为目标瞄准线(简称为目标线或视线),R 为 EKV 与进攻弹头的相对距离,q 为目标线与基准线之间的夹角,称为目标线方位角,若从基准线逆时针旋转到目标线,则 q 为正。q_ε 为视线高低角,又称为视线倾角。θ_M、θ_I 分别为进攻弹头和 EKV 的弹道倾角,γ_M、γ_I 分别为进攻弹头的航向角和 EKV 的前置角。

根据对 EKV 拦截作战过程的描述,本书做出如下假设是合理的:

(1) 导弹和目标均做质点运动;
(2) 忽略控制和信息时延的影响;
(3) 目标线方位角 q、进攻弹头弹道倾角 θ_M、EKV 弹道倾角 θ_I 都比较小;
(4) EKV 做等速拦截(指末制导段速度大小不变)。

由图 3.4 所示的 EKV 与进攻弹头的相对运动关系可以直接建立视线运动学方程。

将 EKV 速度矢量 V_I 和进攻弹头速度矢量 V_M 分别沿目标线方向及法线方向分解,由于 $V_I\cos\gamma_I$ 和 $V_M\cos\gamma_M$ 都使相对距离 R 减小,显然有:

$$\frac{\mathrm{d}R}{\mathrm{d}t}=-V_M\cos\gamma_M-V_I\cos\gamma_I \tag{3.17}$$

$$\gamma_M=q-\theta_M, \gamma_I=\theta_I-q \tag{3.18}$$

同样，沿目标线的法线分量 $V_I \sin\gamma_I$ 使目标线绕进攻弹头所在位置为原点作逆时针旋转，使目标线角 q 减小；而 $V_M \sin\gamma_M$ 使目标线绕 EKV 所在位置为原点顺时针旋转，使目标线角 q 增大，故有[39]

$$R\frac{\mathrm{d}q}{\mathrm{d}t} = V_M \sin\gamma_M - V_I \sin\gamma_I \tag{3.19}$$

3.3.2 新型最优制导律的推导

由图 3.4 可知，EKV 与进攻弹头在 OX 轴和 OY 轴方向上的相对距离分别为

$$\begin{cases} x = x_m - x_i \\ y = y_m - y_i \end{cases} \tag{3.20}$$

且有

$$\begin{cases} \dot{x} = V_M \cos\theta_m + V_I \cos\theta_I \\ \dot{y} = -V_M \sin\theta_m - V_I \sin\theta_I \end{cases} \tag{3.21}$$

$$\begin{cases} a_M = V_M \dot{\theta}_m \\ a_I = V_I \dot{\theta}_I \end{cases} \tag{3.22}$$

令

$$\begin{cases} x_1 = x_m - x_i \\ x_2 = \dot{x}_1 = V_M \cos\theta_m + V_I \cos\theta_I \\ u = a_I \end{cases} \tag{3.23}$$

则状态方程为

$$\begin{cases} \dot{x}_1 = x_2 \\ \dot{x}_2 = -a_M \sin\theta_M - a_I \sin\theta_I \end{cases} \tag{3.24}$$

将 EKV 的法向加速度 a_I 作为控制量 u，则式（3.24）写成矩阵形式为

$$\dot{X} = AX + Bu(t) + Ca_M(t) \tag{3.25}$$

式中：$X = \begin{bmatrix} x_1 \\ x_2 \end{bmatrix}$；$A = \begin{bmatrix} 0 & 1 \\ 0 & 0 \end{bmatrix}$；$B = \begin{bmatrix} 0 \\ -\sin\theta_I \end{bmatrix}$；$C = \begin{bmatrix} 0 \\ -\sin\theta_M \end{bmatrix}$。

式（3.25）为一个变系数非齐次线性微分方程。

对于 EKV 来说，最重要的是希望在与目标遭遇时的拦截脱靶量能够控制在足够的精度。然而，如果同时用 EKV 与目标在 OX 轴方向和 OY 轴方向的相对距离作为状态变量来设计性能指标，那么问题将很难求解。考虑到目标为躲

避 EKV 所采取的机动方式和 EKV 的变轨拦截方式也可能为一种圆弧运动，因此，为简化分析，可以选用 $y=0$ 时的 x 值作为脱靶量。

为使 EKV 在 $\tau \in [t, t+T]$（T 为可调时间参数）产生的控制能量和脱靶量达到最小，本书将性能指标设计为[40]

$$J = \frac{1}{2}X^{\mathrm{T}}(t+T)FX(t+T) + \frac{1}{2}\int_{t}^{t+T}Ru^2(\tau)\mathrm{d}\tau \tag{3.26}$$

式中：F、R 为正定对角线矩阵，目的是保证性能指标为正数。式（3.26）是一个典型的二次型性能指标的最优控制问题，根据现代控制理论，可推导得到在目标机动的情况下的控制解为

$$u(t) = \frac{3}{\sin\theta_I T^2}[x(t) + T\dot{x}(t)] \tag{3.27}$$

可以推导出：

$$u(t) = \frac{3}{\sin\theta_I T^2}[x(t) + T\dot{x}(t)] + \frac{3}{2\sin\theta_M}a_I(t) \tag{3.28}$$

3.3.3 过载及拦截精度对制导律的影响分析

在控制系统设计中，需要考虑 EKV 在飞行过程中可能承受的过载。

由于 EKV 的法向加速度和过载有直接关系，本书假设 EKV 的最大法向加速度为 $a_I^{\max}$，进攻弹头的最大法向加速度为 $a_M^{\max}$。由此推导参数 T 的取值条件。

在进攻弹头不机动情况下，由式（3.25）和式（3.27），得

$$\frac{3}{T^2}[y(t) + T\dot{y}(t)] - u(t) = \ddot{y}(t) + \frac{3\dot{y}(t)}{T} + \frac{3y(t)}{T^2} = 0 \tag{3.29}$$

由于 EKV 以小迎角拦截目标，可以认为在末制导初始时刻 EKV 在 OY 轴方向上的速度最大值为 $V_{0\_\max}$，即 $|\dot{y}(0)| \leq V_{0\_\max}$。设初始条件下，$y(0) = Y_0$。可得到此微分方程的解为

$$y(t) = e^{-\frac{3}{2T}t}\frac{2T\dot{y}(0)}{\sqrt{3}}\sin\frac{\sqrt{3}}{2T}t \tag{3.30}$$

继而推导得

$$u(t) = \frac{3}{T}e^{-\frac{3}{2T}t}\left(-\frac{1}{\sqrt{3}}\sin\frac{\sqrt{3}}{2T}t + \cos\frac{\sqrt{3}}{2T}t\right)\dot{y}(0) \tag{3.31}$$

考虑到 EKV 在接近目标时，弹出的合金杆会形成一个直径约 4.5m 的伞状的金属网罩，因此，只要脱靶量不大于 R_D，就认为能够成功实施拦截。因此：

$$|y(t)| \leq R_D, \quad t \geq t_D \tag{3.32}$$

参数 T 应满足如下条件：

$$\begin{cases} e^{-\frac{3}{2T}t}\dfrac{2T\dot{y}(0)}{\sqrt{3}}\sin\dfrac{\sqrt{3}}{2T}t \leq R_D \\ \left|\dfrac{3}{T}e^{\frac{-3}{2T}t_{end}}\left(-\dfrac{1}{\sqrt{3}}\sin\dfrac{\sqrt{3}}{2T}t_{end}+\cos\dfrac{\sqrt{3}}{2T}t_{end}\right)\beta\right| \leq a_I^{max} \end{cases} \quad (3.33)$$

式中：t_{end} 为拦截时刻，其计算方法可查阅文献[41]。

在目标机动情况下，式（3.31）变为

$$u(t)=\dfrac{3}{T}e^{-\frac{3}{2T}t}\left(-\dfrac{1}{\sqrt{3}}\sin\dfrac{\sqrt{3}}{2T}t+\cos\dfrac{\sqrt{3}}{2T}t\right)\dot{y}(0)+\dfrac{3}{2}a_M^{max}(t) \quad (3.34)$$

$$\begin{cases} e^{-\frac{3}{2T}t}\dfrac{2T\dot{y}(0)}{\sqrt{3}}\sin\dfrac{\sqrt{3}}{2T}t \leq R_D \\ \left|\dfrac{3}{T}e^{\frac{-3}{2T}t_{end}}\left(-\dfrac{1}{\sqrt{3}}\sin\dfrac{\sqrt{3}}{2T}t_{end}+\cos\dfrac{\sqrt{3}}{2T}t_{end}\right)\beta\right| \leq a_I^{max} \end{cases}$$

3.4 EKV 基于最短剩余飞行时间拦截制导模型

与零控脱靶量较小情况下 EKV 在末制导段内实施基于预测拦截点的最短飞行时间拦截制导方法不同，当 EKV 在末制导开始时刻存在较大零控脱靶量情况下，由于 EKV 在拦截过程中是一定的预测前置角取最大侧向推力进行拦截，故其制导问题要简单得多[42]。因此，EKV 基于最短剩余飞行时间制导问题可描述为：确定推力 F_i 方向及开机时刻 t_i，使关机后 EKV 的剩余飞行时间最短。

3.4.1 EKV 轨控发动机开/关机时机建模

从图 3.3 可以看出，EKV 的运动被分解成沿原弹道方向和机动方向两个方向后，如想将零控脱靶量 R_{miss_1} 消除，必须同时满足两个条件：

（1）要保证在 $\Delta T_{max}+t_{Is}$ 时间段内，EKV 沿机动方向运动到 P_2 点，即机动距离 $P_2P_A+P_3P_A$ 必须等于零控脱靶量 R_{miss_1}：

$$a_I \cdot \Delta T_{max} \cdot t_{Is}+\dfrac{1}{2}a_I\Delta T_{max}^2 = R_{miss\_1} \quad (3.35)$$

（2）要保证在 $\Delta T_{max}+t_{Is}$ 时间段内，EKV 沿原来的速度方向能够同时行进至 P_3 点，即

$$P_3I = (\Delta T_{max}+t_{Is}) \cdot V_I \quad (3.36)$$

根据式（3.35）可以推导出 t_{Is} 的计算式：

$$t_{Is} = \frac{R_{\text{miss\_1}}}{a_I \cdot \Delta T_{\max}} - \frac{\Delta T_{\max}}{2} \quad (3.37)$$

将式（3.37）代入式（3.36），就可以确定 EKV 末制导开始时刻的位置 I。

3.4.2 EKV 轨控推力方向控制模型

在 3.2.3 节中，虽然指出了 EKV 轨控发动机推力的最佳方向应是沿零控脱靶量所在的 P_3P_2 方向，但实际上，要确定进攻弹头道中的 P_2 点和 EKV 原弹道中的 P_3 点，并计算出 P_3P_2 点的方向是相当复杂的。为解决 EKV 最短拦截剩余飞行时间制导策略下轨控推力方向的确定问题，本节采取如下方法予以解决：先建立视线坐标系，以 EKV 与进攻弹头的最小视线距离为拦截脱靶量计算模型，再运用人工智能算法搜索零控脱靶量最小时的最佳推力方向。

为便于问题的研究，首先做出 EKV 和进攻弹头相对运动在牵连惯性坐标系下的示意图，如图 3.5 所示。

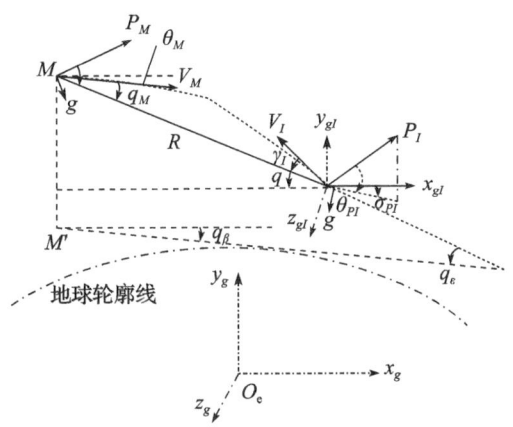

图 3.5　EKV 与进攻弹头相对运动在牵连惯性系下示意图

令 EKV 轨控发动机推力为 P_I，推力方向与 EKV 牵连惯性坐标系 $O_e x_{gl} y_{gl} z_{gl}$（坐标原点在 EKV 质心，$O_e x_{gl}$ 轴、$O_e y_{gl}$ 轴和 $O_e z_{gl}$ 轴分别平行于地心惯性坐标系[43]中对应的轴）中 $O_e x_{gl} z_{gl}$ 平面的夹角为 θ_{PI}（推力与惯性系侧向平面所成的倾角，简称推力在惯性系内的倾角），推力在 $O_e x_{gl} y_{gl}$ 平面内的投影与 $O_e x_{gl}$ 的夹角为 σ_{PI}（简称推力在惯性系内的偏角）。得到推力在牵连惯性坐标系 $O_e x_{gl} y_{gl} z_{gl}$ 上的分量 $(P_{Igx}, P_{Igy}, P_{Igz})$ 为

$$\begin{cases} P_{Igx} = P_I\cos\theta_{PI}\cos\sigma_{PI} \\ P_{Igy} = P_I\sin\theta_{PI} \\ P_{Igz} = -P_I\cos\theta_{PI}\sin\sigma_{PI} \end{cases} \quad (3.38)$$

将 EKV 轨控发动机推力分解到视线坐标系下，得到推力在视线坐标系下的分量（P_{Isx}，P_{Isy}，P_{Isz}）为

$$[P_{Isx}, P_{Isy}, P_{Isz}]' = C_g \cdot [P_{Igx}, P_{Igy}, P_{Igz}]' \quad (3.39)$$

式中：C_g 为从牵连惯性坐标系到视线坐标系的转换矩阵，即

$$C_g = \begin{bmatrix} \cos q_\beta & \sin q_\beta & 0 \\ -\cos q_\varepsilon \sin q_\beta & \cos q_\varepsilon \cos q_\beta & \sin q_\varepsilon \\ \sin q_\varepsilon \sin q_\beta & -\sin q_\varepsilon \cos q_\beta & \cos q_\varepsilon \end{bmatrix} \quad (3.40)$$

式中：q_ε 为视线高低角，又称为视线倾角，表示视线与牵连惯性坐标系内平面 $O_e x_{gI} z_{gI}$ 之间的夹角；q_β 为视线方位角，又称为视线偏角，表示视线在侧向平面 $O_e x_{gI} z_{gI}$ 上的投影与 $O_e z_{gI}$ 轴之间的夹角。

令 EKV 质量为 m_I，在视线坐标系上推力产生的加速度分量为 a_{XsI}，a_{YsI}，a_{ZsI}：

$$\begin{bmatrix} a_{XsI} \\ a_{YsI} \\ a_{ZsI} \end{bmatrix} = \begin{bmatrix} P_{Isx} \\ P_{Isy} \\ P_{Isz} \end{bmatrix} / m_I \quad (3.41)$$

最后，得到视线动力学微分方程[44]：

$$\begin{cases} \ddot{R} - R[\dot{q}_\varepsilon^2 + (\dot{q}_\beta \cos q_\varepsilon)^2] = \Delta a_X \\ \ddot{q}_\varepsilon R - 2\dot{R}\dot{q}_\varepsilon + R\dot{q}_\beta^2 \cos q_\varepsilon \sin q_\varepsilon = \Delta a_Y \\ \ddot{q}_\beta R\cos q_\varepsilon + 2\dot{R}\dot{q}_\beta \cos q_\varepsilon - R\dot{q}_\varepsilon \dot{q}_\beta \sin q_\varepsilon = \Delta a_Z \end{cases} \quad (3.42)$$

式中：R 为视线距离。

对于 EKV 与进攻弹头的重力差，可采用零值计算模型（即认为二者重力加速度值相等），故将视线两端点处作用力产生的加速度分解到视线坐标系后，便仅剩下因 EKV 推力在视线坐标系下投影而产生的加速度了。

$$\Delta a_X = a_{XM} - a_{XI} = a_{XsI}, \quad \Delta a_Y = a_{YM} - a_{YI} = a_{YsI}, \quad \Delta a_Z = a_{ZI} - a_{ZM} = a_{ZsI}$$

再令 θ_M、σ_M 分别为进攻弹头的轨道倾角和轨道偏角，θ_I、σ_I 分别为 EKV 的轨道倾角和轨道偏角，根据图 3.5 中的几何关系，可得到视线运动学微分方程：

第3章 两种中末制导交接班情况下的拦截器制导方法

$$\begin{cases} \dot{R} = V_M[\cos q_\tau \cos(q_\beta - \sigma_M) + \sin q_\tau \sin\theta_M] \\ \qquad - V_I[\cos q_\tau \cos\theta_I \cos(q_\beta - \sigma_I) + \sin q_\tau \sin\theta_I] \\ R\dot{q}_\tau = V_M[\cos q_\tau \cos\theta_M - \sin q_\tau \cos\theta_M \cos(q_\beta - \sigma_M)] \\ \qquad - V_I[\cos q_\tau \sin\theta_I - \sin q_\tau \cos\theta_I \cos(q_\beta - \sigma_I)] \\ R\dot{q}_\beta \cos q_\tau = V_I \cos\theta_I \sin(q_\beta - \sigma_I) - V_M \cos\theta_M \sin(q_\beta - \sigma_M)] \end{cases} \quad (3.43)$$

式中：q_ε 和 q_β 的计算公式为[11]

$$\begin{cases} q_\varepsilon = \arctan\left[\dfrac{\Delta y}{\sqrt{\Delta x^2 + \Delta z^2}}\right] \\ q_e = \arctan\left[\dfrac{-\Delta z}{\Delta x}\right] \end{cases} \quad (3.44)$$

式中：$\Delta x = x_M - x_I$；$\Delta y = y_M - y_I$；$\Delta z = z_M - z_I$。

3.4.3 拦截制导仿真

仿真主要考察 EKV 推力方向（与 $O_e x_{gl} z_{gl}$ 平面的夹角为 σ_{It}，推力在 $O_e x_{gl} y_{gl}$ 平面内的投影与 $O_e x_{gl}$ 的夹角为 θ_{It}）和机动开始时刻 t_i 的三个值。

首先构建一条射程为 7200km 的弹道导弹的弹道，选择在该弹道的下降段距离地面约 758km 处选择一点作为拦截点。再设定 EKV 开始无控飞行时进攻弹头已经飞行了约 442s，EKV 零控拦截初始参数见表 3.1，要求确定 EKV 的 σ_{It}、θ_{It} 和末制导开始时刻 t_i 的值。

表 3.1 EKV 零控拦截初始参数

地心大地坐标系		速度	位置
关机点	X	-3227.54	2196373.69
	Y	3837.98	6101295.53
	Z	4796.72	-1756795.31
拦截点	X	-3872.32	460626.07
	Y	281.46	7081347.11
	Z	5131.85	679482.26

遗传算法的参数设计为：最大遗传代数取 200 代，变量维数取为 3，种群数目取为 20，每个变量的编码长度取为 15，交叉概率取为 0.7，变异概率取为 0.1。图 3.6~图 3.10 所示是最终的计算结果。

首先观察 EKV 脱靶量与遗传代数的关系。图 3.6 和图 3.7 是 EKV 脱靶量与遗传代数的变化关系图。

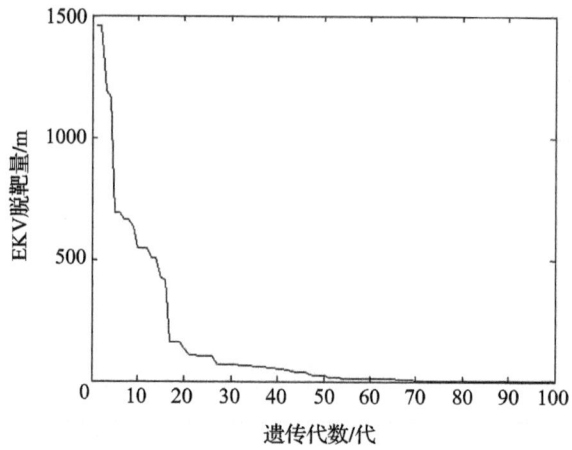

图 3.6　EKV 脱靶量与遗传代数关系图

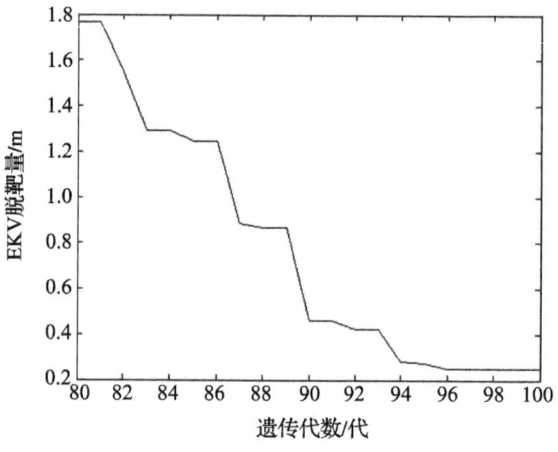

图 3.7　脱靶量与遗传代数关系放大图

由图 3.6 和图 3.7 可以看出，EKV 脱靶量进化至第 100 代时只可以实现收敛，最终，EKV 的脱靶量可控制在 0.249m 以内，完全能够满足 EKV 拦截作战的要求。

图 3.8 是 EKV 末制导开始时刻与遗传代数的关系图。

从图 3.8 可以看出，EKV 末制导开始时刻（即轨控发动机的开机时刻）进化至第 70 代基本就稳定地收敛了。EKV 末制导开始时刻的精确值为 904.70996s，本书取为 904.71s。

图 3.9 和图 3.10 是 EKV 拦截方向的优化结果。

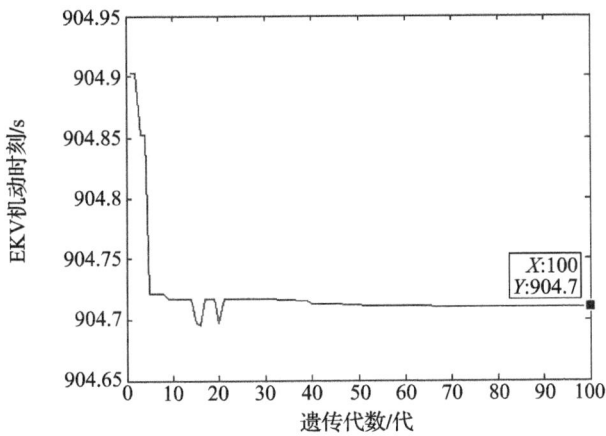

图 3.8 EKV 末制导开始时刻与遗传代数的关系图

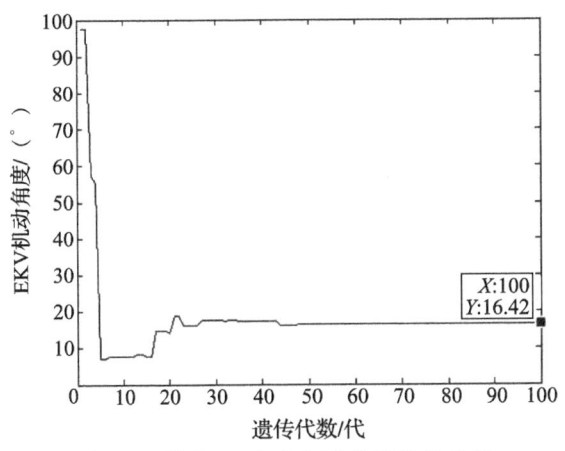

图 3.9 推力 θ_{PI} 方向与遗传代数关系图

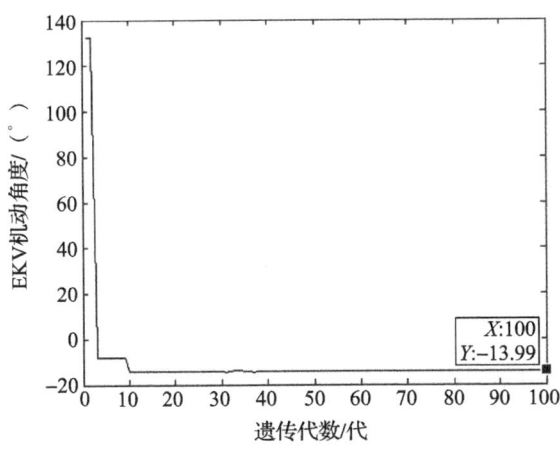

图 3.10 推力 σ_{PI} 方向与遗传代数关系图

从图 3.9 和图 3.10 可以看出，EKV 轨控发动机推力在 θ_{PI} 和 σ_{PI} 的两个方向上都能稳定地实现收敛。其中，EKV 轨控发动机推力在 θ_{PI} 方向最终取值为 16.42°，推力在 σ_{PI} 方向最后取值为 −13.99°。

经计算知，EKV 将以 0.0578m 的脱靶量在离地 757769m 的高空成功实施拦截。可见，基于 EKV 最短剩余飞行时间拦截制导模型是可信的。

3.5 进攻弹头在 EKV 自由段规避突防方案可行性与有效性分析

根据本章所建立的 EKV 拦截制导方式，接下来分析进攻弹头在 EKV 自由段机动规避突防方案的可行性与有效性。可行性主要分析能否成功突防，有效性则分析成功突防对燃料的消耗（或持续机动时间）情况。

为此，首先需要建立描述进攻弹头在 EKV 无控飞行段内机动效果的零控脱靶量计算模型。

3.5.1 零控脱靶量模型的建立

国内外许多学者对零控脱靶量的预测问题开展了大量的研究。文献［45-47］给出了引力速度差的几种简化模型，包括零值模型、常值模型、待飞时间线性函数模型、待飞时间二次函数模型及二次方反比加速度差线性化模型等，并根据上述模型推导得到了对应的零控脱靶量计算式。由于本节主要关注的是燃料消耗量对零控脱靶量的影响，因此，没有必要构建很高精度的零控脱靶量计算式。在此，根据本书研究的需要，建立进攻弹头小幅度机动对零控脱靶量的影响模型。

首先做出地球为圆球体情况下的零控脱靶量示意图，如图 3.11 所示。

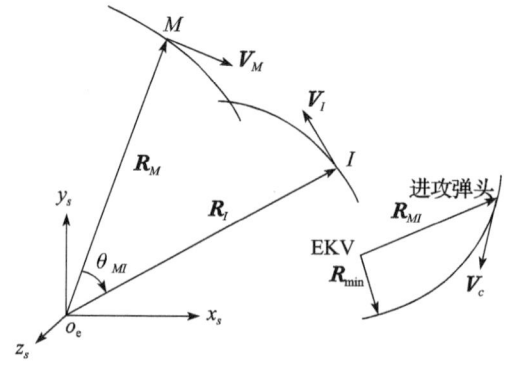

图 3.11 零控脱靶量示意图

图 3.11 中，$o_e x_s y_s z_s$ 为地心大地直角坐标系[43]，M、I 两点分别表示进攻弹头和 EKV 当前的位置。进攻弹头与 EKV 在地心大地直角坐标系下的位置矢量分别用 $\boldsymbol{R}_M$ 和 $\boldsymbol{R}_I$ 表示，其对应的速度矢量用 $\boldsymbol{V}_M$ 和 $\boldsymbol{V}_I$ 表示。$\boldsymbol{V}_{cl}$ 表示进攻弹头与 EKV 的相对速度矢量，$\boldsymbol{R}_{MI}$ 表示进攻弹头相对于 EKV 的位置矢量。

显然，有

$$V_c = V_M - V_I \tag{3.45}$$

$$\boldsymbol{R}_{MI} = \boldsymbol{R}_M - \boldsymbol{R}_I \tag{3.46}$$

由弹道学中有关坐标系的相关知识可知，空间上任一点的位置可用该点到地心的距离、地心纬度和地心经度来确定。令 M、I 点到地心的距离分别为 r_M 和 r_I，地心纬度分别为 φ_{sM} 和 φ_{sI}，地心经度分别为 λ_{sM} 和 λ_{sI}，则两点的地心矢径 $\boldsymbol{R}_M$、$\boldsymbol{R}_I$ 可分别用 $(r_M, \varphi_M, \lambda_M)$ 和 $(r_I, \varphi_I, \lambda_I)$ 表示。

由图 3.11 中的几何关系可得

$$r_M^2 = r_I^2 + r_{MI}^2 + 2 r_M r_I \cos\theta_{MI} \tag{3.47}$$

假设进攻弹头在 t_0 时刻开始实施大推力机动，其推力为 P_M，至 t_1 时刻机动结束。进攻弹头在 t_0 时刻的速度为 $\boldsymbol{V}_M(t_0)$，经 $\Delta t = t_1 - t_0$ 时间段后，t_1 时刻速度为 $\boldsymbol{V}_M(t_1)$，根据冲量守恒定理有

$$\Delta \boldsymbol{V}_M = \boldsymbol{V}_M(t_1) - \boldsymbol{V}_M(t_0) = \frac{P_M \cdot \Delta t}{m_M} \tag{3.48}$$

前面的分析已经指出，在求进攻弹头经过短时间机动后的零控脱靶量时，并不需要太高精度，因此，分别采用零重力模型和常值重力模型计算零控脱靶量。

1. 基于零重力模型的脱靶量计算式

零重力模型是假设进攻弹头与 EKV 在被动飞行中受到相同重力的影响，故有

$$\Delta G = \mu \left(\frac{\boldsymbol{R}_M}{r_M^3} - \frac{\boldsymbol{R}_I}{r_I^3} \right) = 0 \tag{3.49}$$

根据重力学相关知识，知大气层外进攻弹头与 EKV 在仅受重力场作用下的相对运动方程为

$$\dot{\boldsymbol{V}}_M - \dot{\boldsymbol{V}}_I = \mu \left(\frac{\boldsymbol{R}_M}{r_M^3} - \frac{\boldsymbol{R}_I}{r_I^3} \right) \tag{3.50}$$

式中：$\mu = 3.986005 \times 10^{14} \text{m}^3/\text{s}^2$ 为地心引力常数[16]。

由式 (3.46)，得

$$\boldsymbol{R}_{MI}(t) = \boldsymbol{R}_M(t) - \boldsymbol{R}_I(t) \tag{3.51}$$

经整理得到进攻弹头与 EKV 的相对运动方程以及在 t_{end} 时刻的解析表达式为

$$V_{MI}(t) = V_{MI}(t_1) = V_M(t_0) + \Delta V_M - V_I(t_1) \approx V_{MI}(t_0) + \Delta V_M \quad (3.52)$$

$$\begin{aligned}R_{MI}(t) &= V_{MI}(t_1) \cdot (t-t_1) + R_{MI}(t_1) \\ &\approx [V_M(t_0) - V_I(t_0) + \Delta V_M] \cdot (t-t_0) + R_{MI}(t_0) + \Delta d_M \end{aligned} \quad (3.53)$$

如果进攻弹头机动不机动，EKV 在 t_{end} 时刻的零控脱靶量为零，则

$$R_{MI}(t_0) + V_{MI}(t_0)(t_{end} - t_0) = 0 \quad (3.54)$$

则进攻弹头机动后的零控脱靶量将为

$$\begin{aligned}R_{MI\_miss} &= R_{MI}(t_{end}) \times \frac{V_{MI}(t_{end})}{|V_{MI}(t_{end})|} \\ &= \Delta V_M \cdot (t_{end} - t_0) \times \frac{V_{MI}(t_0) + \Delta V_M}{|V_{MI}(t_0) + \Delta V_M|}\end{aligned} \quad (3.55)$$

2. 基于常重力模型的脱靶量计算式

采用上述分析方法同样可以得到常值重力模型时的脱靶量计算式：

$$V_{MI}(t) \approx V_{MI}(t_0) + \Delta V_M + \frac{\Delta g(t_0) \cdot (t-t_0)}{2} \quad (3.56)$$

$$R_{MI}(t) \approx \Delta V_M \cdot (t-t_0) + \Delta d_M \quad (3.57)$$

$$R_{MI\_miss} = \Delta V_M \cdot (t_{end} - t_0) \times \frac{V_{MI}(t_0) + \Delta V_M + \dfrac{\Delta g(t_0) \cdot (t_{end} - t_0)}{2}}{\left| V_{MI}(t_0) + \Delta V_M + \dfrac{\Delta g(t_0) \cdot (t_{end} - t_0)}{2} \right|} \quad (3.58)$$

3.5.2 进攻弹头在 EKV 自由段规避突防效果分析

根据所建立的进攻弹头在 EKV 自由段规避零控脱靶量的计算式，对其机动效果进行分析。进攻弹头机动持续时间与机动所产生的零控脱靶量和落点偏差的计算数据见表 3.2。

表 3.2 进攻弹头机动过载、持续机动时间与零控脱靶量和落点偏差关系表

最大机动过载/g	持续机动时间/s	零控脱靶量/m	横向落点偏差/m	纵向落点偏差/m
0.01	10	706.54	4512.57	−13.01
	30	2193.73	13432.41	−38.97
	100	8280.36	43546.20	−129.33

第 3 章　两种中末制导交接班情况下的拦截器制导方法

续表

最大机动 过载/g	持续机动 时间/s	零控脱靶量/m	横向落点 偏差/m	纵向落点 偏差/m
0.1	10	7065.38	45125.69	−130.06
	30	21937.33	134324.08	−389.70
	100	82803.52	435462.10	−1293.2
1.0	10	70653.84	451256.93	1300.65
	30	219373.21	1343240.92	3897.04
	100	715419.84	4354630.73	12932.71

从表 3.2 可以看出，当进攻弹头最大机动过载为 0.1g 时，持续机动 10s，即可产生 7065.38m 零控脱靶量，远大于 EKV 末制导段的最大机动距离，但这并不意味着 EKV 无法拦截零控脱靶量超过了其末制导最大机动距离的进攻弹头。实际上，EKV 的轨控发动机虽然无法持续工作至与目标交会时刻，但可以选择机动时机，改变拦截角度，利用 EKV 轨控发动机熄火之后的剩余飞行时间成功拦截进攻弹头。

再分析进攻弹头在自由弹内机动规避产生大于 EKV 红外导引头探测距离所需的持续机动时间。从表 3.2 可看出，当进攻弹头的最大机动过载为 1.0g、持续机动 100s 时，虽然可以产生 715km 的零控脱靶量，但由此引起的落点纵向偏差也达到了 4355km。综合以上分析可知，进攻弹头在 EKV 自由段的机动规避方案代价太大，且落点偏差不好控制，因此，该方案不是一种有效的机动方案。

3.6　本章小结

通过本章的研究，可以得出以下结论。

（1）本章根据 EKV 拦截作战时按最短剩余飞行时间制导的策略原理，以 EKV 轨控发动机开/关机时间、推力方向控制为决策参量，建立了脱靶量计算的解析模型，利用遗传算法原理设计了新的制导算法，解决了非线性拦截系统最短剩余飞行时间制导参量的算法问题。EKV 新的制导算法能够保证 EKV 在最短剩余飞行时间内对目标的准确拦截，具有计算量低、脱靶量小的优点。

（2）进攻弹头在 EKV 自由段实施机动规避策略，即使能够在 EKV 中制导和末制导交接班时刻产生大于 EKV 最大机动能力的零控脱靶量,但所消耗的能量太大,难以满足突防作战的需要。该方案成功突防虽不佳,但却可以限制 EKV 的开机时刻,由于 EKV 携带的燃料很有限,一旦燃料耗尽,EKV 将再次处于无控滑行状态,将为进攻弹头第二次机动规避突防创造一个良好的突防时间窗口。

参考文献

[1] Shukia U S, Mahapatra P R. Generalized Linear Solution of Proportional Navigation [J]. IEEE Transactions on Aerospace and Electronic Systems, 1988, 24 (3): 231-238.

[2] Takehira T, Vinh N X, Kabamba P T. Analytical solution of missile terminal guidance [J]. Journal of Guidance Control & Dynamics, 1997, 21 (2): 342-348.

[3] Ciaan-Dong Yang, Chi-Ching Yang. Analytical Solution of Three-Dimensional Realistic True Proportional Navigation [J]. Journal of Guidance, Control and Dynamics, 1996, 19 (3): 569-577.

[4] Stansbery D T, Balakrishnan S N. Approximate Analytical Guidance Schemes For Homing Missiles [C] // Maryland: American Control Conference, Saltimore, 1994: 1665-1669.

[5] Rao M N. New Analytical Solutions for Proportional Navigation [J]. Journal of Guidance, 1993, 16 (3): 591-594.

[6] Ohlmeyer E J. Root-mean-square Miss Distance of Proportional Navigation missile against sinusoidal target [J]. Journal of Guidance, Control, and Dynamics, 1996, 19 (3): 563 – 568.

[7] S. N Ghawghawe, D Ghose. Pure Proportional Navigation Against Time-Varying Target Maneuvers [J]. IEEE Transactions on Aerospace and Electronic Systems, 1996, 32 (4): 1336-1346.

[8] Zarchan P. Proportional Navigation and Weaving targets [J]. Journal of Guidance , Control and Dynamics, 1995, 18 (5): 967-974.

[9] Ghose D. Pure Proportional Navigation With Maneuvering Target [J]. IEEE Transactions on Aerospace and Electronic Systems, 1994, 30 (1): 229-237.

[10] Pin-Jar Yuan, Jeng-Shing Chern. Solutions of True Proportional Navigation for Maneuvering and Non-maneuvering Targets [J]. Journal of Guidance, Control and Dynamics, 1992, 15 (1): 268-271.

[11] 周荻. 寻的导弹新型导引规律 [M]. 北京: 国防工业出版社, 2002.

[12] Vincent T L, Morgan R W. Guidance against Maneuvering Targets Using Lyapunov Optimizing Feedback Control [C] //Anchorage, AK: Proceedings of the 2002 American Control Conference, 2002, 1: 215-220.

[13] Lin C M, Hsu C F, Mon Y J. Self-Organizing Fuzzy Learning CLOS Guidance Law Design [J]. IEEE Transactions on Aerospace and Electronic Systems, 2003, 39 (4): 1144-1151.

[14] Segal A, Miloh T. Novel three-dimensional differential game and capture criteria for a bank-to-turn missile [J]. Journal of Guidance Control and Dynamics, 2015, 17 (5): 1068-1074.

[15] Isidori. Nonlinear Control Systems [M]. 3rd ed. Heidelberg, Germany: Springer-Verlag World Publishing CorP, 1989.

[16] Chwa D Y. Choi J Y. Adaptive Nonlinear Guidance Law Considering Control Loop Dynamics [J]. IEEE

Transactions on Aerospace and Electronic Systems, 2003, 39 (4): 1134-1143.

[17] Shinarl J, Oshman Y, Turetsky V. On the Need for Integrated Estimationl Guidance Design for Hit-to-kill Accuracy [C] // Proceedings of the American Control Conference, 2003.1, Denver, CO: 402-407.

[18] Yuan P J, Chen M G, Leu M J. Optimal guidance of extended proportional navigation [C] // Aiaa Guidance, Navigation, & Control Conference & Exhibit. 2001, Montreal, Canada: 43451.

[19] Tsao L P, Lin C S. A New Optimal Guidance Law for Short-Range Homing Missiles [J]. Proceedings of the National Science Council. ROC (A), 2000, 24 (6): 422-426.

[20] Tsao L P, Lin C S. A New Optimal Guidance Law for Short-Range Homing Missiles [J]. Proceedings of the National Science Council. ROC (A), 2000, 24 (6): 422-426.

[21] Hangju Cho, Chang Kyung Ryoo. Implementation of Optimal Guidance Laws Using Predicted Missile Velocity Profiles [J]. Journal of Guidance Control and Dynamics, 1999, 22 (4): 579-588.

[22] Taur D R, Chern J S. An optimal composite guidance strategy for dogfight air-to-air IR missiles [C] // Portland, OR, U.S.A: Guidance, Navigation, and Control Conference and Exhibit. 1999.

[23] Rahbar N, Bahrami M, Menhaj M. A New Neuro-Based Solution for close-Loop Optimal Guidance With Terminal Constraints [C] //: Guidance, Navigation, and Control Conference and Exhibit. 1999, Portland, OR, U.S.A: 4068.

[24] Ciann-Dong yang, Chi-Ching Yang. Optimal pure proportional navigation for maneuvering targets [J]. IEEE Transactions on Aerospace and Electronic Systems, 1997, 33 (3): 949-957.

[25] Yuan P J. Optimal Guidance of Proportional Navigation [J]. IEEE Transactions on Aerospace and Electronic Systems, 1997, 33 (3): 1007-1012.

[26] John J. Dougherty, Jason L. Speyer. Near-Optimal Guidance Law for Ballistic Missile Interception [J]. Journal of Guidance, Control and Dynamics, 1997, 21 (2): 355-361.

[27] Hough M E. Optimal guidance and nonlinear estimation for interception of accelerating targets [J]. Journal of Guidance, Control, and Dynamics, 1995, 18 (5): 959-968.

[28] 侯明善. 指向预测命中点的最短时间制导 [J]. 西北工业大学学报, 2006, 24 (6): 690-694.

[29] 李君龙, 胡恒章. 最优偏置比例引引 [J]. 宇航学报, 1998, 19 (4): 75-80.

[30] 王小虎, 张明廉. 自寻的导弹攻击机动目标的最优制导规律的研究及实现 [J]. 航空学报, 2000, 21 (1): 30-33.

[31] 蔡力军, 周凤岐. 一种非线性最优导弹制导律 [J]. 宇航学报, 1999, 20 (2): 36-40.

[32] 李振营, 沈毅, 胡恒章. 攻击机动目标的最优导引律研究 [J]. 哈尔滨工业大学学报, 1999, 31 (6): 56-58.

[33] Newman B. Exoatmospheric intercepts using zero effort miss steering for midcourse guidance [J]. NASA STI/Recon Technical Report A, 1993, 95: 415-433.

[34] Han Jingqing. Guidance Law in Intercept Problem [M]. Beijing: Publishing company of national defence industry, 1977.

[35] Aydin A T. Orbit selection and EKV guidance for space based ICBM intercept [D]. Monterey, California: Naval Postgraduate School, 2005.

[36] 吴瑞林. 弹道导弹机动突防研究 [J]. 863 先进防御技术通讯 (A 类). 2001 (8): 12-29.

[37] 张磊. 弹道导弹突防问题的研究 [D]. 北京: 北京航空航天大学, 2002.

[38] 崔静. 导弹机动突防理论及应用研究 [D]. 北京: 北京航空航天大学, 2001.

[39] 钱杏芳,林瑞雄,赵亚男.导弹飞行力学 [M].北京:北京理工大学出版社,2000.

[40] 陈佳实.导弹制导和控制系统的分析与设计 [M].北京:宇航出版社,1989.

[41] 程国采.战术导弹导引方法 [M].长沙:国防科技大学出版社,1995.

[42] 贾沛然,汤国建.运用速度增益制导实现对目标卫星的拦截 [J].国防科技大学学报,1992,14(2):72-77.

[43] 张毅,肖龙旭,王顺宏.弹道导弹弹道学 [M].长沙:国防科技大学出版社,2005.

[44] 崔静.导弹机动突防理论及应用研究 [D].北京:北京航空航天大学,2001.

[45] Newman B. Strategic intercept midcourse guidance using modified zero effort miss steering [J]. Journal of Guidance, Control and Dynamics, 1996, 19 (1): 107-112.

[46] Newman B. Exoatmospheric intercepts using zero effort miss steering for midcourse guidance [J]. NASA STI/Recon Technical Report A, 1993 (95): 415-433.

[47] Newman B. Spacecraft intercept guidance using zero effort miss steering [J]. Guidance, Navigation and Control Conference. 1993, 19 (1): 1707-1716.

第4章
进攻弹头在 EKV 末制导段规避突防过载分析

本章主要研究进攻弹头在 EKV 末制导段实施以充分利用 EKV 机动过载性能弱点为目的的机动规避策略的可行性和相对有效性。在深入分析 EKV 拦截作战特点的基础上，设计进攻弹头在 EKV 末制导段的机动规避策略；继而根据 EKV 拦截作战特点，研究基于预测拦截点的 EKV 最优末制导律；然后在 EKV 拦截制导律的基础上，建立 EKV 拦截脱靶量的计算模型；最后以脱靶量为依据，对进攻弹头的机动过载、燃料消耗、机动时间等进行计算分析，以判断进攻弹头在 EKV 末制导段实施该机动规避策略的可行性。

4.1 引言

通过第 3 章的研究，我们认识到企图利用 EKV 机动能力有限的缺陷，通过在 EKV 自由段实施进攻弹头的机动规避来达到成功突防的目的，需要产生的零控脱靶量数值将很大，且存在命中精度难以控制、需要在突防后进行弹道的再次修正等问题，因此该方案实施起来非常困难。针对 EKV 在自由飞行段结束后，将进行末制导寻的机动拦截，而机动过载性能有限的特点，有人提出了在 EKV 末制导段实施以利用 EKV 机动过载性能受限为目的的大推力机动规避策略[1-5]。如果这种以比拼飞行器机动性能为特征的突防策略既能满足导弹成功突防所需的脱靶量要求，又能有效控制落点偏差，当然是一种非常具有吸引力的选择。

国内外对于利用飞行器过载等战术、技术性能弱点，在飞行器末制导段进行机动拦截或规避的研究，并非鲜有。如，Paul Zarchan 和 Ernest J. Ohlmeyer 等，早在 20 世纪 90 年代中期就进行过突防策略建模、制导系统简化模型构建、常值过载突防以及摆动突防下的脱靶量计算等方面的研究工作[6-9]，但对大气层外智能机动突防策略的研究则涉及较少。如：文献［10-13］研究了在拦截策略已知的情况下，攻方的最优规避策略；文献［14］研究了在双方机动过载受限的情况下，对再入段盲目机动弹头的拦截概率，但局限于再入段。国内韩京清[15]曾用最优控制方法对目标轨迹已知、拦截器燃料有限、推力有限情况下的最优拦截问题做了一定的研究，但主要还是一些定性方面的分析。北京航空航天大学的姜玉宪教授及其学生也曾进行过摆动式突防[17-18]及末制导段的规避控制策略[19-20]等方面的研究，但多集中在对末制导段导引律的改进研究上，对弹道中段机动规避规划方法的研究则涉及较少。

对于进攻弹头如何利用 EKV 机动性能弱点，在 EKV 末制导段实施有针对性的机动突防，国内已经进行的研究工作，主要涉及拦截器导引律的改进研究[21-22]和机动突防策略及其仿真分析[23-27]。这些研究做得都很深入，也具有一定的理论价值，但是也存在待改进之处，突防策略可行性的分析、机动方式的有效性的评价等问题，都还远没有得到很好的解决。以远程弹道导弹取何种机动方向最有利于突防为例，各方面意见莫衷一是，没有形成定论。如文献［28］主张远程进攻弹头进行法向机动最有利于突防，认为弹头法向机动方案能够大大提高弹头的突防性能，并指出采用该方案后，通过导航制导控制规律的设计还有可能提高弹头落点精度；文献［29-30］主张进攻弹头进行侧向机动，认为侧向机动能提高侧偏情况下导弹的机动效果，同时导弹的过载能力能得到充分发挥。文献［31］则主张进行横向机动，突防方案被设计成通过横向机动一个周期 T（T 小于推进剂所能提供推力时间的最大值），使其机动完毕后能基本回到非机动弹道上来，从而保证落点精度。此外，文献［16-20］按照机动的表现方式，先后就摆动式机动、正弦机动、阶跃机动及方波机动等机动方式进行了研究，由于没有充分考虑突防作战的环境条件和进攻弹头本身的各种限制条件，有些突防策略是否可行，还需要做更进一步的讨论。

可见，在进行弹道中段机动规避问题的研究时，仍有必要从深入分析 EKV 拦截作战的特点入手，有针对性地完善机动规避突防策略。本章在研究进攻弹头在 EKV 末制导段的机动突防策略时，将主要解决以下 3 个问题。

（1）在深入分析 EKV 拦截作战特点的基础上，设计进攻弹头利用 EKV 机动性能弱点，在 EKV 末制导段实施有针对性机动突防的具体规避策略。

（2）讨论该机动规避策略的可行性，主要考虑进攻弹头机动性能、燃料消耗是否能够满足脱靶量要求。

（3）与进攻弹头选择在 EKV 自由段突防策略进行对比，综合判断哪种突防策略更为有效。

前面的分析已经指出，对进攻弹头在 EKV 末制导段实施的机动规避，

EKV 的拦截策略有两种：①按比例导引方法拦截；②按预测前置角拦截。而进攻弹头的机动策略可以按机动方向的不同划分为法向机动、横向机动和轴向机动。下面分别分析进攻弹头沿不同方向机动、EKV 按不同拦截导引方法实施拦截时，对突防效果的影响，着重考察对进攻弹头过载的要求。

4.2 EKV 按比例导引拦截进攻弹头机动过载需求分析

从公开发表的有关 EKV 制导方式的资料来看，EKV 对于弹道中段沿固定抛物弹道飞行的弹道导弹，仍然采取按比例导引方式进行拦截，由于经典的比例导引能够实现对非机动目标的零脱靶量拦截，因此，从理论上说，EKV 采取比例导引方式进行拦截时，应该能够以极高概率实现对弹道中段非机动弹头的拦截，而这点似乎也已被国外相关研究和报道所证实[32-34]。然而，比例导引要求 EKV 在拦截过程中具有很大的法向过载，尤其是当目标具备一定的机动能力时，要再想实现对拦截对象的零脱靶量拦截，对 EKV 的机动过载要求很高。正如第 2 章中的分析所指出的，当 EKV 采用比例导引方法，一旦需求过载大于 EKV 最大可用过载时，将导致其制导参量的饱和，从而产生较大脱靶量。从规避突防的角度上考虑，我们关注的是进攻弹头要具备多大的机动过载，才能实现成功突防。为此，需要研究 EKV 按比例导引方式拦截时，进攻弹头成功突防所需机动过载与 EKV 最大机动过载之间的定量关系。

4.2.1 EKV 圆轨道拦截机动目标问题描述

首先，给出三维空间下 EKV 比例导引的数学表达式：

$$\begin{cases} n_y = N_1 V_c \dot{\varepsilon} \\ n_z = -N_2 V_c \dot{\beta} \end{cases} \tag{4.1}$$

式中：n_y、n_z 分别为 EKV 法向和侧向加速度；$\dot{\varepsilon}$ 为 ε 的速度，$\varepsilon = \varepsilon_I - \varepsilon_M$，为 EKV 与进攻弹头的倾角（高低角）之差；$\dot{\beta}$ 为 β 的速度，$\beta = \beta_I - \beta_M$，为 EKV 与进攻弹头偏角之差。

令在 EKV 发射坐标系下，在某时刻 t，EKV 位置 $\boldsymbol{p}_i(t) = [p_{ix}(t), p_{iy}(t), p_{iz}(t)]^T$，速度 $\boldsymbol{V}_i(t) = [V_{ix}(t), V_{iy}(t), V_{iz}(t)]^T$。同时刻进攻弹头的位置和速度分别为 $\boldsymbol{p}_m(t) = [p_{mx}(t), p_{my}(t), p_{mz}(t)]^T$，$\boldsymbol{p}_m(t) = [V_{mx}(t), V_{my}(t), V_{mz}(t)]^T$。再令 $x = p_{mx}(t) - p_{Ix}(t)$，$y = p_{my}(t) - p_{Iy}(t)$，$z = p_{mz}(t) - p_{Iz}(t)$，则

$$\begin{cases} \varepsilon = \arctan \dfrac{y}{\sqrt{x^2+y^2}} \\ \beta = -\arctan \dfrac{z}{x} \\ \dot{\varepsilon} = \dfrac{\dot{y}(x^2+z^2)-y(x\dot{x}+z\dot{z})}{(x^2+y^2+z^2)\sqrt{x^2+y^2}} \\ \dot{\beta} = -\dfrac{x\dot{z}-z\dot{x}}{x^2+z^2} \\ V = -\dfrac{x\dot{x}+y\dot{y}+z\dot{z}}{\sqrt{x^2+y^2+z^2}} \end{cases} \quad (4.2)$$

由式（4.1）和式（4.2）可知，EKV在末制导段进行机动拦截时，是通过施加法向和侧向的加速度使弹道产生一定的曲率来实现的。由第2章GBI/EKV拦截作战制导特点的分析可知，当EKV开始末制导拦截时，与进攻弹头基本在同一个平面内（即基本处于突防导弹的射击平面内）。为简化对问题的研究，在此，仅考虑进攻弹头在射击平面内机动的情况，即认为 $n_z=0$。

由于EKV末制导段时间很短，法向加速度仅用于改变速度方向，而重力在短短数秒时间内，对于EKV速度大小的影响可以忽略，故可以认为EKV末制导段飞行速度量值恒定。因此，EKV的法向加速度将使其飞行轨迹近似于一个圆弧。

尽管运用式（3.38）可以将EKV和进攻弹头的推力分解到视线方向和垂直视线方向，再用式（3.42）和式（3.43）可以分析EKV按比例导引实施对机动目标拦截时脱靶量与双方机动过载之间的定量关系，但需要考虑进攻弹头的机动时机、机动方向对脱靶量的影响，计算量太大，研究思路也过于复杂。在此，本书采用分析EKV与进攻弹头空间几何位置关系的方法，通过建立进攻弹头成功突防所需过载模型，提供一种用于成功突防机动过载定量关系分析的简捷算法。

4.2.2　EKV按圆轨道拦截时进攻弹头成功突防所需过载建模

进攻弹头机动后，EKV欲通过轨道法向机动实现拦截，易知，使其过载最小的拦截轨道应是圆轨道。假设进攻弹头在 M 点处开始加速，至 A 点完成加速，期间速度改变量为 ΔV，由第3章有关知识可知，机动期间的位置改变量 $\overline{MA}$ 为 $P_M \cdot \Delta T^2/2m_M$。拦截弹运动至 L 点时，探明并重新估算出进攻弹头新弹道，并立即决定实施法向变轨拦截，由于拦截弹过载最小的拦截轨道是圆轨道，故拦截

弹将选择 C 点作为新的拦截交会点。双方的运动关系如图 4.1 所示。

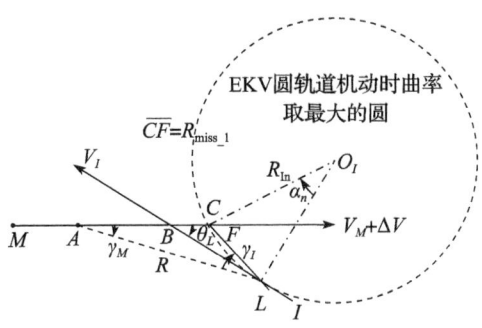

图 4.1 EKV 以圆轨道拦截进攻弹头轴向机动时位置变化示意图

如果拦截器能够在 C 点成功拦截进攻弹,则根据图 4.1 的关系可以得出:

$$\begin{cases} \dfrac{\overline{MB}}{V_M} = \dfrac{\overline{IB}}{V_I} \\ \dfrac{\overline{AC}}{V_M + \Delta V_M} = \dfrac{s_{\overline{LC}}}{V_I} \end{cases} \quad (4.3)$$

式中:$s_{\overline{LC}}$ 为 L、C 之间的弧长。

对于拦截器而言,由于安装了辅助杀伤装置,当 EKV 识别并接近目标时,可打开制动器,弹出合金杆,形成一个伞状的金属网罩,从而增大了有效杀伤半径。根据本书第 2 章中 EKV 相关战术、技术性能指标,如果把进攻弹头成功突防的脱靶量定为 $R_{\text{miss\_1}}$m,对于 EKV 而言,B 点与 F 点之间的区域就是 EKV 在进攻弹头轴向机动时,可实施拦截的区域。对于进攻弹头来说,只有在 EKV 到达 C 点之前运动到 F 点,才能算是成功突防,因此有:

$$\dfrac{\overline{AF}}{V_M + \Delta V_M} \leqslant \dfrac{s_{\overline{LC}}}{V_I} \quad (4.4)$$

下面,根据式(4.3)、式(4.4)来推导进攻弹头所需的机动过载。

令进攻弹头在时间 ΔT 内持续机动,进攻弹头在 ΔT 内产生的机动距离为 $a_M \cdot \Delta T^2 / 2$。根据上述分析可知,只有在式(4.5)成立时,才能算是成功突防:

$$\dfrac{1}{2} a_M \cdot \Delta T^2 > \overline{BF} = \overline{BC} + \overline{CF} \quad (4.5)$$

对于 △BCL,根据余弦定理有

$$\overline{LC}^2 = \overline{LB}^2 + \overline{BC}^2 - 2 \cdot \overline{LB} \cdot \overline{BC} \cdot \cos\theta_L \quad (4.6)$$

求解式（4.6），得

$$\overline{BC} = \overline{LB} \cdot \cos\theta_L - \sqrt{\overline{LC}^2 - \overline{LB}^2 \sin^2\theta_L} \tag{4.7}$$

式中：$\overline{LB} = V_I \cdot \Delta T$。

令 EKV 以过载 n_I 做圆轨道拦截时，其机动半径为 R_{In}，则

$$R_{\text{In}} = \frac{V_I^2}{a_I} \tag{4.8}$$

可推导得

$$\overline{LC}^2 = R_{\text{In}}^2 + R_{\text{In}}^2 - 2R_{\text{In}}^2 \cos\alpha_n \tag{4.9}$$

式中，

$$\alpha_n = \frac{V_I \cdot \Delta T}{R_{\text{In}}} = \frac{a_I \cdot \Delta T}{V_I} \tag{4.10}$$

将式（4.7）~式（4.10）代入式（4.5），并整理得

$$a_M > \frac{2\left(V_I \cdot \Delta T \cdot \cos\theta_L + \sqrt{2\dfrac{V_I^4}{a_I^2} - 2\dfrac{V_I^4}{a_I^2}\cos\dfrac{a_I \cdot \Delta T}{2\pi \cdot V_I} - V_I^2 \cdot \Delta T^2 \sin^2\theta_L + R_{\text{miss\_1}}}\right)}{\Delta T^2} \tag{4.11}$$

4.2.3 EKV 按圆轨道拦截时进攻弹头所需过载分析

图 4.2~图 4.5 所示为根据式（4.11）获得的计算结果。

图 4.2 是基于 $V_I = 7\text{km/s}$、$V_M = 6\text{km/s}$，计算获得的达到 10m 脱靶量时进攻弹头所需加速度大小与入射角 θ_L、EKV 最大过载之间的关系图。

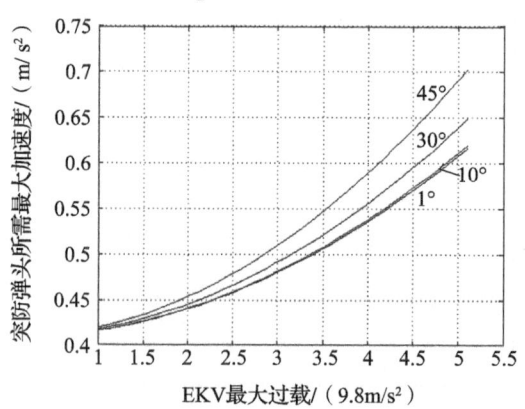

图 4.2 达到 10m 脱靶量时进攻弹头所需加速度大小与入射角、EKV 最大过载间关系图

第 4 章　进攻弹头在 EKV 末制导段规避突防过载分析

图 4.3 是基于 $V_I = 7\text{km/s}$、$V_M = 6\text{km/s}$、$a_I = 4g$ 计算获得脱靶量与入射角 θ_L，及进攻弹头机动加速度的关系图。

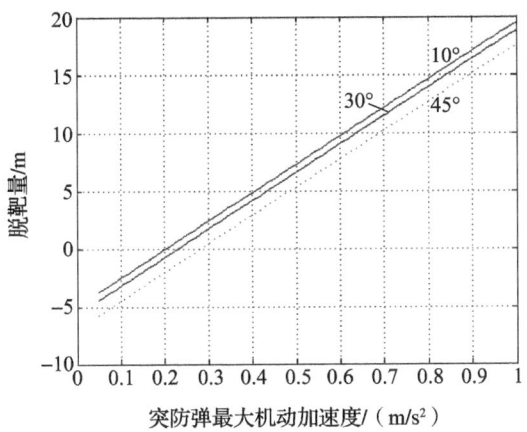

图 4.3　脱靶量与入射角及进攻弹头机动加速度的关系图

图 4.4 是 EKV 在圆轨道拦截方式下，最大机动距离与 EKV 速度和过载之间的关系图（入射角 θ_L 为 30°）。

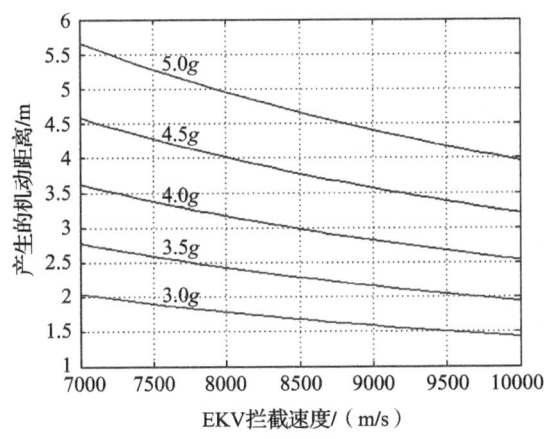

图 4.4　最大机动距离与 EKV 拦截速度和过载之间的关系图（圆轨道拦截）

图 4.5 是 EKV 在圆轨道拦截方式下，最大机动距离与过载和入射角 θ_L 之间的关系图（$V_I=7\text{km/s}$）。

从图 4.2~图 4.5 可以看出：

（1）如果 EKV 采用圆轨道拦截方式进行拦截，则只需要较小的机动加速度就可以轻松突防（当 EKV 最大过载取为 $4g$ 时，进攻弹头对应的机动加速度约为 0.55m/s)。

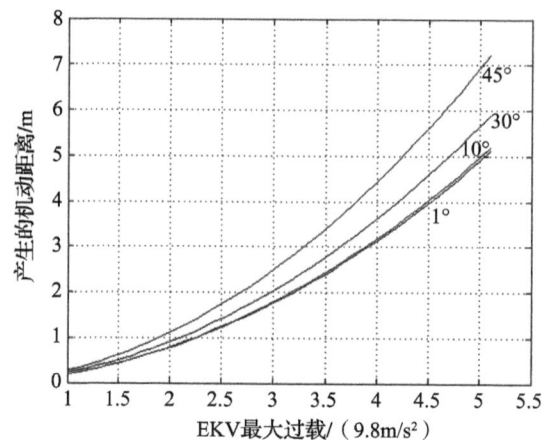

图 4.5 达到 10m 脱靶量时进攻弹头所需加速度
与入射角、EKV 最大过载间关系图

(2) EKV 采用圆轨道拦截方式时,拦截器的入射角对进攻弹头成功突防所需机动加速度的影响并不大。

(3) EKV 采用圆轨道拦截方式时,进攻弹头机动加速度与脱靶量几乎是一种线性递增的关系。

(4) EKV 采用圆轨道拦截方式时,所能产生的机动距离并不明显,机动 7s 也不过产生数米的机动距离。

综合上述分析可知,EKV 采用圆轨道拦截方式进行拦截的作战效率很低。

4.3 EKV 按预测前置角拦截进攻弹头机动过载需求分析

由 4.2 节的分析已经知道,EKV 采取圆轨道持续机动拦截的方式拦截效率很低。故本节将研究 EKV 基于预测制导律拦截方式下进攻弹头的机动过载。鉴于在不同坐标系下,机动的方式(或名称)各不相同;本节基于速度坐标系,主要研究轴向和法向机动策略对机动过载的影响。

轴向机动是指进攻弹头在与速度方向相同的方向上产生加速度的一种机动策略。先分析该机动策略下进攻弹头成功突防的机动过载。

4.3.1 进攻弹头轴向机动时机动过载需求分析

从 4.2.1 节中的计算结果可以看出,EKV 采用圆轨道持续机动拦截时,其

第4章 进攻弹头在EKV末制导段规避突防过载分析

燃料主要消耗在对EKV速度方向的改变上,对于机动距离的影响太小。因此,这种拦截方式是低效的。为此,本书研究基于预测前置角拦截方法的拦截方式,并分析进攻弹头要实现成功突防时,机动加速度与EKV机动过载之间的对应关系。

首先做出图4.6所示的EKV按预测前置角拦截进攻弹头轴向机动时的位置变化示意图。在图4.6中,进攻弹头与EKV的前置角分别为γ_I和γ_M。

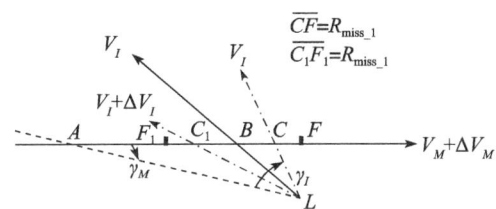

图4.6　EKV按预测前置角拦截进攻弹头轴向机动时位置变化示意图

由于进攻弹头沿切向方向机动加速,故其前置角可设为常值。下面研究EKV前置角如何确定。

令EKV在拦截过程中其平均速度为$\overline{V}_I$,进攻弹头在A点以加速度a_M沿原速度方向(即切线方向)在时间ΔT内持续机动,进攻弹头在ΔT内的平均速度为$\overline{V}_M$,则

$$\overline{V}_M = V_M + \frac{1}{2}a_M \cdot \Delta T \tag{4.12}$$

由图4.6可知:

$$\frac{\overline{V}_M \cdot \Delta T}{\sin\gamma_I} = \frac{\overline{V}_I \cdot \Delta T}{\sin\gamma_M} \tag{4.13}$$

经变形为

$$\sin\gamma_I = \frac{\overline{V}_M}{\overline{V}_I}\sin\gamma_M \tag{4.14}$$

可见,EKV前置角γ_I仅随进攻弹头与EKV的速度之比而变化。EKV拦截时,其平均速度在$[V_I, V_I+0.5 \cdot a_I \cdot \Delta T]$之间变化,故$\gamma_I$在极小值和极大值之间取值,即$\gamma_I \in [\gamma_{I\_\min}, \gamma_{I\_\max}]$。其中:

$$\gamma_{I\_\min} = \arcsin[\overline{V}_M \cdot \sin\gamma_M / (V_I + 0.5 \cdot a_I \cdot \Delta T)] \tag{4.15}$$

$$\gamma_{I\_\max} = \arcsin(\overline{V}_M \cdot \sin\gamma_M / V_I) \tag{4.16}$$

同时考虑到EKV对进攻弹头的毁伤半径,故认为进攻弹头必须机动到F_1

点和 F 点之间的区域之外才算突防成功，即

$$\frac{1}{2}a_M \cdot \Delta T^2 > \overline{C_1F_1} + \overline{BC_1} + \overline{BC} + \overline{CF} \qquad (4.17)$$

下面，推导进攻弹头轴向机动产生的脱靶量的计算公式。

由于进攻弹头不机动时，必将于 B 点被 EKV 拦截，因此，如果采取轴向加速（其加速度取 a_M）的方式机动，在经过 ΔT 时间后，必将运动到 B 点（即原拦截点）右侧。由于 EKV 可以进行预测前置角拦截，在 B 点的右侧最远的拦截范围可达到 C 点，因此，进攻弹头在 ΔT 时间内产生的机动距离 $0.5 \cdot a_M \cdot \Delta T^2$ 只有大于 $\overline{BC}$，才能产生大于成功突防所需的脱靶量。因此，进攻弹头轴向加速产生的脱靶量的计算公式为

$$R_{\text{miss}} = \frac{1}{2}a_M \cdot \Delta T^2 - \overline{BC} \qquad (4.18)$$

同样，进攻弹头轴向减速产生的脱靶量可按式（4.19）进行计算：

$$R_{\text{miss}} = \frac{1}{2}a_M \cdot \Delta T^2 - \overline{BC_1} \qquad (4.19)$$

接下来推导 $\overline{BC_1}$ 和 $\overline{BC}$ 的计算式。

先观察△ABL，有

$$\overline{BL}^2 = \overline{AB}^2 + \overline{AL}^2 - 2 \cdot \overline{AB} \cdot \overline{AL} \cdot \cos\gamma_M \qquad (4.20)$$

解得

$$\overline{AL} = \overline{AB} \cdot \cos\gamma_M + \sqrt{\overline{BL}^2 - \overline{AB}^2 \sin^2\gamma_M} \qquad (4.21)$$

式中：$\overline{AB} = V_M \cdot \Delta T$；$\overline{BL} = V_I \cdot \Delta T$。

在△ACL 内，有：

$$\overline{AC} = \frac{\overline{AL}}{\sin(\pi - \gamma_M - \gamma_{I\_\max})} \sin\gamma_{I\_\max} \qquad (4.22)$$

式中：$\overline{BC} = \overline{AC} - \overline{AB}$。

同样，对△AC_1L，有

$$\overline{AC_1} = \frac{\overline{AL}}{\sin(\pi - \gamma_M - \gamma_{I\_\min})} \sin\gamma_{I\_\min} \qquad (4.23)$$

式中：$\overline{BC_1} = \overline{AB} - \overline{AC_1}$。

最后，得到脱靶量的计算式为

$$R_{\text{miss}} = \begin{cases} \dfrac{1}{2}a_M \cdot \Delta T^2 + V_M \cdot \Delta T - \dfrac{\overline{AL}}{\sin(\pi - \gamma_M - \gamma_{I\_\max})}\sin\gamma_{I\_\max}, a_M > 0 \\ \dfrac{1}{2}a_M \cdot \Delta T^2 - V_M \cdot \Delta T + \dfrac{\overline{AL}}{\sin(\pi - \gamma_M - \gamma_{I\_\min})}\sin\gamma_{I\_\min}, a_M < 0 \end{cases} \quad (4.24)$$

下面,分析进攻弹头成功突防所需要的机动加速度。

首先分析脱靶量与进攻弹头过载的关系,如图 4.7、图 4.8 所示。

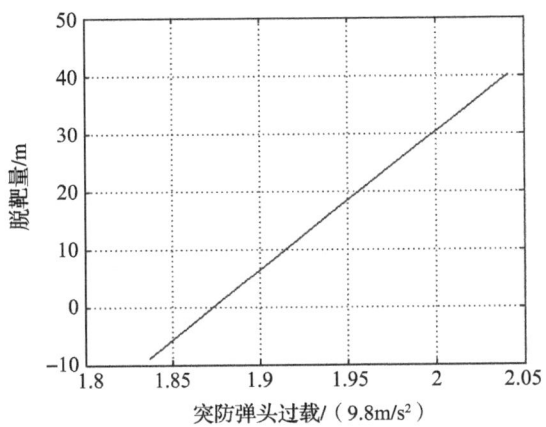

图 4.7　进攻弹头过载与脱靶量关系图（a_I 取 $4g$,γ_M 取 $10°$）

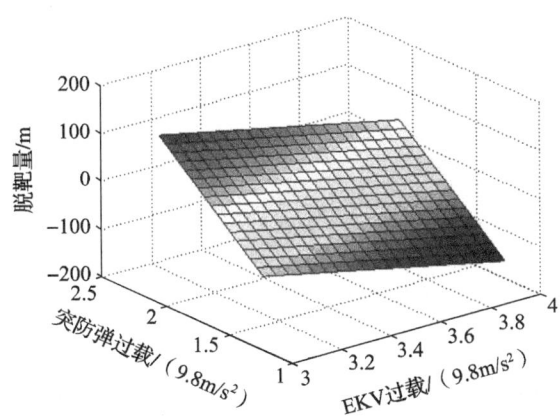

图 4.8　脱靶量、进攻弹头与 EKV 过载关系图（γ_M 取 $10°$）

达到 10m 脱靶量时,EKV 与进攻弹头过载的关系图如图 4.9 所示。

从图 4.9 可知,要达到 10m 脱靶量,进攻弹头最大机动过载约需达到 EKV 最大过载的 1/2。

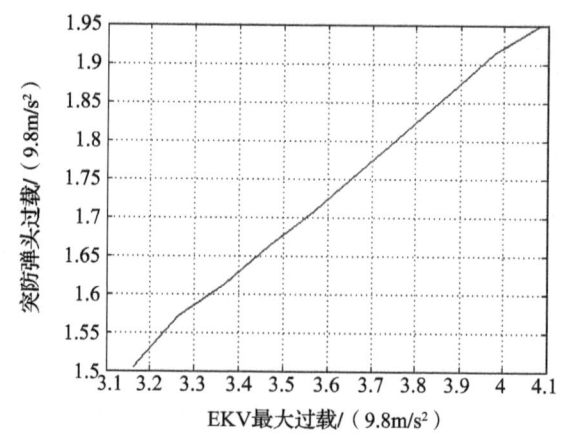

图 4.9　达到 10m 脱靶量时，EKV 与进攻弹头过载关系图

再分析进攻弹头前置角对脱靶量的影响，如图 4.10 所示。

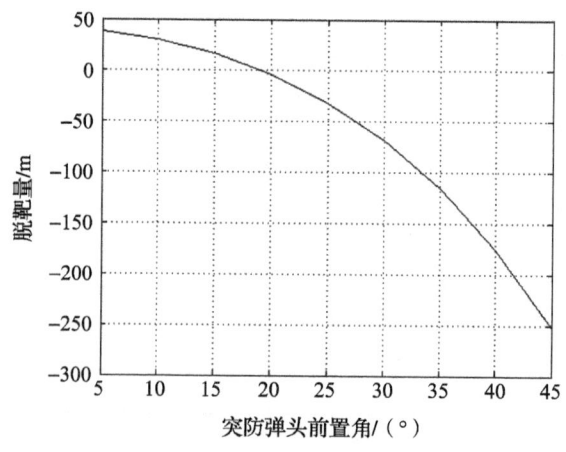

图 4.10　进攻弹头前置角与脱靶量关系图（a_I 取 4g，a_M 取 2g）

由图 4.10 可知，进攻弹头取不同的前置角，对脱靶量的影响很大。实际拦截时，进攻弹头与 EKV 的交会角是比较小的，需要将进攻弹头前置角控制在某个适当的范围内，如果超过这个角度的界限后，脱靶量将会急剧增长。

4.3.2　进攻弹头法向机动时机动过载需求分析

进攻弹头法向机动是指进攻弹头以法向加速度 a_M 进行机动突防。

首先，做出进攻弹头法向机动时与 EKV 位置变化示意图，如图 4.11 所示。

第 4 章　进攻弹头在 EKV 末制导段规避突防过载分析

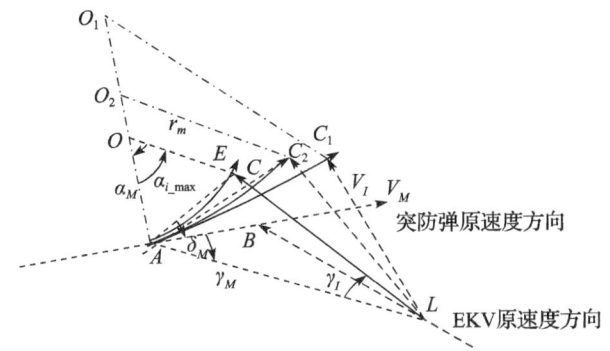

图 4.11　进攻弹头法向机动时与 EKV 位置变化示意图

图 4.11 中，进攻弹头在 A 点开始机动，其机动轨道为圆轨道，半径为 r_m。EKV 采用预测命中点拦截方式于 C 点实施拦截。γ_M 为进攻弹头机动变轨前的前置角，γ_I 为 EKV 变轨后的前置角。根据图中的几何关系有

$$\alpha_m = \frac{a_M}{V_M} \Delta T \tag{4.25}$$

$$r_m = V_M^2 / a_M \tag{4.26}$$

式中：ΔT 为进攻弹头持续机动时间，则在 ΔT 时间内产生的机动距离 AC 为

$$AC = \frac{2V_M^2}{a_M} \cdot \sin\left(\frac{a_M}{2V_M} \cdot \Delta T\right) \tag{4.27}$$

在 △LAC 中，有

$$\frac{\dfrac{2V_M^2}{a_M} \cdot \sin\left(\dfrac{a_M}{2V_M} \cdot \Delta T\right)}{\sin(\gamma_I)} = \frac{V_I \cdot \Delta T}{\sin(\gamma_M + \delta_M)} \tag{4.28}$$

式中：$\delta_M = \dfrac{\alpha_m}{2} = \dfrac{a_M}{2V_M} \Delta T$。

最后，解得 EKV 前置角的解为

$$\sin\gamma_I = \frac{V_M}{V_I} \frac{\sin(\gamma_M + 0.5\alpha_m) \cdot \sin(0.5\alpha_m)}{0.5\alpha_m} \tag{4.29}$$

由于进攻弹头运动速度很快，轨控发动机所能提供的推力较小，其机动半径很大，持续机动时间的微小变化对于 α_m 角影响极小，故可以认为 α_m 是一个定值。在式（4.29）中，γ_M 为定值，因此，EKV 前置角 γ_I 是一个仅随进攻弹头与 EKV 速度比而变化的量。由于进攻弹头采取圆轨道持续机动策略，故其速度的大小不变。对于 EKV 而言，可以通过轨控发动机改变其速度。故 EKV

速度取值范围为

$$V_I \in \left[V_{I0}, V_{I0}+\frac{1}{2}a_I \cdot \Delta T\right] \quad (4.30)$$

相应的 EKV 前置角 γ_I 的变化范围为

$$\gamma_I \in [\gamma_{I\_\min}, \gamma_{I\_\max}] \quad (4.31)$$

其中，

$$\gamma_{I\_\min} = \arcsin\left[\frac{V_M \cdot \sin(\gamma_M+0.5\alpha_m) \cdot \sin(0.5\alpha_m)}{(V_{I0}+0.5 \cdot a_I \cdot \Delta T) \cdot 0.5\alpha_m}\right] \quad (4.32)$$

$$\gamma_{I\_\max} = \arcsin\left[\frac{V_M \cdot \sin(\gamma_M+0.5\alpha_m) \cdot \sin(0.5\alpha_m)}{V_{I0} \cdot 0.5\alpha_m}\right] \quad (4.33)$$

LC 最长为

$$LC = (V_{I0}+0.5 \cdot \alpha_I \cdot \Delta T) \cdot \Delta T \quad (4.34)$$

从图 4.11 中可以看出，随着 a_M 的增大，C_1、C_2 等点向左上方移动，因此，γ_I 不断减小。当 γ_I 减小至 $\gamma_{I\min}$ 时，如果 a_M 再增大，此时，LC 将无法再延长，至少 E 点和 C 点分离，将开始出现脱靶量。考虑到 EKV 的辅助杀伤器拥有 10m 的杀伤半径，因此，将 LC 的长度在原来的基础上再增加 10m，有

$$LC' = LC+10 \quad (4.35)$$

下面分析 E 点和 C' 点首次出现分离时，a_I 和 a_M 的关系。

在 $\triangle OAE$（或 OAC'）中：

$$AE = \frac{2V_M^2}{a_M} \cdot \sin\left(\frac{a_M}{2V_M} \cdot \Delta T\right) \quad (4.36)$$

在 $\triangle ACL$ 中：

$$AC^2 = AL^2+LC^2-2 \cdot AL \cdot LC \cdot \cos\gamma_{I\_\min} \quad (4.37)$$

其中，对于 $\triangle ABL$，根据余弦定理有

$$LB^2 = AB^2+AL^2-2 \cdot AB \cdot AL \cdot \cos\gamma_M \quad (4.38)$$

求解式（4.38），得

$$AL = AB \cdot \cos\gamma_M+\sqrt{LB^2-AB^2\sin^2\gamma_M} \quad (4.39)$$

$$AE = AC \quad (4.40)$$

式（4.38）、式（4.39）无法直接求解，可通过迭代法解出。

图 4.12 是假设进攻弹头与 EKV 运动速度都取为 7km/s，进攻弹头前置角取 10°时，根据式（4.36）、式（4.37）、式（4.39）计算获得的进攻弹头法向机动成功突防所需加速度与 EKV 最大拦截加速度关系图。

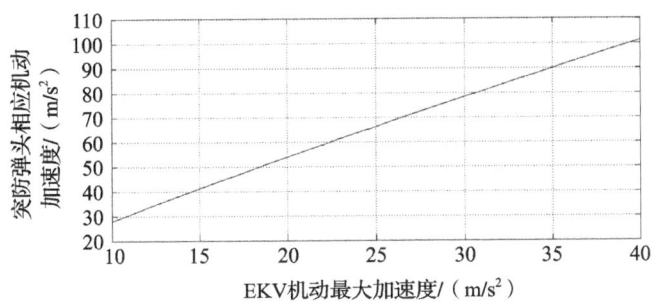

图 4.12 进攻弹头法向机动成功突防所需加速度与 EKV 最大拦截加速度关系图

经计算，进攻弹头采用法向机动策略进行机动突防，成功突防所需要的机动过载大约是 EKV 最大过载的 2.8 倍，可见其效果还不如轴向机动。这是因为进攻弹头飞行速度很快，对其施加法向加速度需要很大的控制力，因其燃料主要消耗在对 EKV 速度方向的改变上，故产生的机动距离太小，易于为 EKV 所拦截。

4.3.3 进攻弹头在 EKV 末制导段机动效果分析

通过进攻弹头选择切向和法机动的研究，我们已经知道，当 EKV 的最大机动过载为 $4g$ 时，如果突防发动机的最大过载小于 $2g$，进攻弹头选择在 EKV 末制导阶段实施以利用 EKV 过载受限为目的的机动策略，其突防效果并不显著。由于 EKV 以拦截进攻弹道导弹为主要作战任务，而进攻弹头却并不是以规避 EKV 拦截为主要作战任务，因此，EKV 在机动性能和燃料载荷上更具有优势。显然，对于进攻弹头来说，选择在 EKV 末制导段实施机动规避无疑是以己之短克敌所长。

对比本书第 3 章的研究结论，可以清楚地认识到，进攻弹头选择在 EKV 中制导关机后的 7~8min 内的自由飞行段进行变轨机动，更容易以较小燃料消耗实现最大脱靶量的目的。而这一点，实际上正是一种"以其人之道还治其人之身"的策略。因为，目前全世界现役战略弹道导弹中，除了"白杨-M"[36]等极少数导弹外，大多需要在关机后 20min 内在大气层外进行远距离无控飞行，而导弹拦截系统正是充分利用了这一特点，对进攻弹头进行侦测、跟踪和精确的弹道估算，从而实施准确"点"对"点"拦截。故对进攻弹头的两种机动策略进行对比分析可知，进攻弹头选择在 EKV 中制导关机后的 7~8min 内的自由飞行段进行机动规避具有更高的可行性。

4.4　本章小结

通过本章的研究可以形成如下结论：

（1）当进攻弹头的最大机动过载小于 EKV 过载的 1/2 时，进攻弹头采用 EKV 末制导段进行机动规避，基本上是一种无效机动。这一研究结论与文献 [37] 中的研究成果基本是一致的。

（2）对于进攻弹头来说，其弹头质量往往超过了 1t，要使其机动过载达到数个重力加速度（g），对进攻弹头轨控发动机推力要求是很高的。目前，固体发动机推力虽大，可达几万牛顿，但其推力的大小和持续时间是不可控的，只能一次性使用。而进攻弹头要实现多次机动突防，显然无法采用固体发动机。因此，目前阶段，进攻弹头还难以实现数 g 的机动过载。

（3）由于进攻弹头并不是以成功突防为其唯一的作战任务，因此在其突防系统总体设计中需要控制发动机及其携带的燃料的质量。一般而言，对于远程弹道导弹，燃料增加 1kg，射程减小 10km[38]，故突防导弹很难在机动性能上与拦截弹相竞争，进攻弹头要实现高效益突防，需要考虑别的突防策略。

（4）现阶段进攻弹头轨控发动机的设计主要还是考虑采用液体发动机。液体发动机的推力较小，一般为几百牛顿，如果弹头质量达到 1t，轨控推力产生的最大机动加速度只能在 $0.1\sim1.0\ \text{m/s}^2$ 之间。显然，凭借如此小的机动加速度，想在 EKV 末制导段实现以比拼机动性能为特点的变轨突防是不现实的。

（5）与进攻弹头利用 EKV 在自由段无控滑行时实施机动策略相比，后者的突防策略更优，对于发动机机动性能要求更低，且同样燃料消耗情况下，进攻弹头更容易成功突防。

参考文献

[1] 崔静. 导弹机动突防理论及应用研究 [D]. 北京：北京航空航天大学，2001.
[2] 张磊. 弹道导弹突防问题的研究 [D]. 北京：北京航空航天大学，2002.
[3] 吴武华. 地地导弹弹道突防技术研究 [D]. 西安：西北工业大学，2004.
[4] Menon P K, Sweriduk G D, Ohlmeyer E J, et al. Intergrated Guidance and Control of Moving Mass Actuated Kinetic Warhead [J], Journal of Guidance control and Dynamics, 2004, 27 (1)：118-126.
[5] 周荻. 寻的导弹新型导引规律 [M]. 北京：国防工业出版社，2002.
[6] Zarchan P. Representation of realistic evasive maneuvers by the use of shaping filters [J]. Journal of Guidance and Control, 1979, 2 (4)：290-295.
[7] Zarchan P. Tactical and strategic missile guidance [M]. Reston, VA：American Institute of Aeronautics

and Astronautics, Inc., 2012.

[8] Zarchan P. Proportional navigation and weaving targets [J]. Journal of Guidance, Control, and Dynamics, 1995, 18 (5): 969-974.

[9] Ohlmeyer E J. Root-mean-square miss distance of proportional navigation missile against sinusoidal target [J]. Journal of Guidance, Control, and Dynamics, 1996, 19 (3): 563-568.

[10] Kumar R R, Seywald H, Cliff E M. Near-optimal three-dimensional air-to-air missile guidance against maneuvering target [J]. Journal of Guidance Control & Dynamics, 2015, 18 (3): 457-464.

[11] Shinar J, Shima T. A game theoretical interceptor guidance law for ballistic missile defence [C] //Proceedings of 35th IEEE Conference on Decision and Control. IEEE, 1996, 3: 2780-2785.

[12] Shinar J. Requirements for a New Guidance Law Against Maneuvering Tactical Ballistic Missiles [R]. Haifa, Israel: TECHNION-ISRAEL INST OF TECH HAIFA FACULTY OF AEROSPACE ENGINEERING, 1997.

[13] Besner E, Shinar J. Optimal Evasive Maneuvers in Conditions of Uncertainty [R]. Haifa, Israel: TECHNION-ISRAEL INST OF TECH HAIFA DEPT OF AERONAUTICAL ENGINEERING, 1979.

[14] Guelman M, Shinar J, Green A. Qualitative study of a planar pursuit evasion game in the atmosphere [J]. Journal of Guidance, Control, and Dynamics, 1990, 13 (6): 1136-1142.

[15] 韩京清. 拦截问题中的导引律 [M]. 北京: 国防工业出版社, 1977.

[16] 陈晔, 等. 导弹最优突防机动方式研究 [J]. 火力指挥与控制, 2009, 34 (4): 30-32.

[17] 杨友超, 姜玉宪. 导弹随机动策略的研究 [J]. 北京航空航天大学学报, 2004, 30 (22): 1191-1194.

[18] 姜玉宪、崔静. 导弹摆动式突防策略的有效性 [J]. 北京航空航天大学学报, 2002, 28 (2): 133-136.

[19] 姜玉宪. 具有规避能力的末制导方法 [C]. //中国航空学会控制与应用第八届学术年会论文集. 北京: 中国航空学会, 1998: 75-79.

[20] 姜玉宪. 弹道导弹末制导段的规避控制 [C] // 全国空间及运动体控制技术学术会议. 中国自动化学会; 中国宇航学会, 1998: 88-93.

[21] 蔡立军. 微分对策最优制导律研究 [D]. 西安: 西北工业大学, 1996.

[22] 王广宇. 一种新的变结构制导律研究 [J]. 航天控制, 2005, 23 (3): 14-19.

[23] 雍恩米. 弹道导弹中段机动突防制导问题的仿真研究 [J]. 导弹与航天运载技术, 2005, (4): 13-18.

[24] 吴启星, 张为华. 弹道导弹中段机动突防研究 [J]. 宇航学报, 2006, 27 (6): 1243-1247.

[25] 吴启星, 王祖尧, 张为华. 弹道导弹中段机动突防发动机总体优化设计 [J]. 固体火箭技术, 2007, 30 (4): 278-281.

[26] 周荻, 邹昕光, 孙德波. 导弹机动突防滑模制导律 [J]. 宇航学报, 2006, 27 (2): 213-216.

[27] 赵秀娜. 机动弹头的智能规避策略研究 [D]. 长沙: 国防科学技术大学, 2006.

[28] 和争春, 何开锋. 远程弹头机动突防方案初步研究 [J]. 飞行力学, 2003, 21 (3): 32-36.

[29] 孙明玮, 刘丽. 导弹侧向机动控制的优化设计 [J]. 战术导弹控制技术, 2006, (55): 3-6.

[30] 程进, 杨明, 郭庆. 导弹直接侧向力机动突防方案设计 [J]. 固体火箭技术, 2008, 31 (2): 111-116.

[31] 赵秀娜, 袁泉, 马宏绪. 机动弹头中段突防姿态的搜索算法研究 [J]. 航天控制, 2007, 25 (4):

13-17.

[32] Samson V, Black S. Flight tests for ground-based midcourse defense (GMD) system [J]. Center for Defense Information, 2007.

[33] Lisbeth Gronlund, David C. Wright, George N. Lewis, Philip E. Coyle III. Technical Realities: An Analysis of the 2004 Deployment of a U.S. National Missile Defense System [R]. Massachusetts: Union of Concerned Scientists, 2004.

[34] Fetter, Steve & Sessler, Andrew & Cornwall, et al. Countermeasures: A Technical Evaluati- on of the Operational Effectiveness of the Planned US National Missile Defense System [R]. Massachusetts: Union of Concerned Scientists and MIT Security Studies Program, 2000.

[35] 钱杏芳,林瑞雄,赵亚男. 导弹飞行力学 [M]. 北京:北京理工大学出版社,2000.

[36] 陈佳实. 导弹制导和控制系统的分析与设计 [M]. 北京:宇航出版社,1989.

[37] 程国采. 战术导弹导引方法 [M]. 长沙:国防科技大学出版社,1995.

[38] 张华伟,等. 基于预测命中点的反弹道导弹拦截方法研究 [J]. 弹箭与制导学报,2007,27 (2):196-199.

[39] 齐艳丽. 美、俄战略弹道导弹的装备现状 [J]. 导弹与航天运载技术,2003 (1):53-58.

[40] Zarchan P. Tactical and strategic missile guidance [M]. Reston, VA: American Institute of Aeronautics and Astronautics, Inc., 2012.

[41] 张磊. 弹道导弹突防问题的研究 [D]. 北京:北京航空航天大学,2002.

第5章
基于遗传算法的轨控发动机规避参数最优控制

本章主要研究进攻弹头在 EKV 无控滑行的自由段实施小推力变轨机动时对轨控发动机主要参数的控制问题，是本书的重点。本章的研究主要由两部分构成，首先围绕如何描述不同机动规避方案的突防效果，构建有限推力机动突防的零控脱靶量（ZEM）计算模型作为机动突防效果的评估模型，然后研究突防规避参数的最优化设计的算法实现问题，以进攻弹头燃料消耗最小为优化目标，选择遗传算法对智能规避策略的变轨参数进行优化控制。

5.1 引言

机动规避参数的优化设计是指在满足突防要求的各种边界条件的前提下，根据燃料消耗量限制要求，对包含控制力的大小和方向、变轨发动机的开机和关机时刻等参数进行优化设计。

进攻弹头的变轨规避属于轨道改变问题。关于变轨机动的轨道最优设计问题在以往的文献中也曾进行过一些探讨，但大多是基于脉冲推力的冲量变轨模型来进行研究。如文献[1-3]对于冲量轨道的拦截优化问题都做了深入探讨，提出利用代数方法和微分代数方法解决冲量变轨的最优拦截弹道问题，但计算过程烦琐，对模型的依赖性也比较强。考虑到在进攻弹头实施轨道变化过程中，发动机推力大小有限，推进不可能在瞬间完成，特别是当进攻弹头容许过载较小情况下，实施轨道改变时，脉冲推力的冲量变轨假设将不再成立。因此，需要采取新的方法研究有限推力的轨道改变问题[4-6]。

在传统上，研究空间飞行器的变轨机动问题运用得较多的方法主要有基于梯度模型的传统优化方法和最优控制极大值原理方法。这些方法不仅需要系统模型和性能指标函数连续、可导，而且具有以下两方面的明显不足：一是问题求解的收敛半径小，对求解初值的选取很敏感；二是对复杂问题的求解易陷入局部收敛[7-8]。上述缺陷使得在对有限推力变轨机动这一复杂非线性问题进行弹道的优化设计时，运用传统方法变得极其困难和低效。

人工智能决策技术主要包括遗传算法、模拟退火算法、神经网络、粒子群优化算法等。由于智能决策技术在求解复杂优化问题方面存在巨大潜力[9-10]，已经在包括巡航导弹航迹规划在内的许多领域中得到成功应用，表现出优良性能。如从20世纪80年代中期以来，美国投入大量的人力、物力进行自动航迹规划技术的研究，开发了空射巡航导弹自动航迹产生模块（Automatic Route Module，ARM）和基于人工智能（Artificial Intelligence，AI）的任务规划软件，取得了一定成功[11-15]。遗传算法作为一种启发式算法，是模拟自然界生物进化过程与求解极值问题的一类自组织、自适应人工智能技术[16-17]，它利用简单的编码技术和繁殖机制来表现复杂的现象，从而为求解复杂决策优化问题提供了一种通用框架。由于遗传算法不受搜索空间的限制性假设的约束，不必要求诸如连续性、导数存在和单峰等假设，以及固有的并行性，因而具有传统优化方法无法比拟的优点。

因此，如果能够考虑引入人工智能相关理论研究具有柔性和鲁棒性的智能规避规划技术，无疑是一条颇具吸引力的研究思路。本章在进行变轨参数的优化设计时，拟考虑采用人工智能算法。

5.2 机动规避参数优化设计总体分析

从前面的分析可知，进攻弹头机动规避的轨道优化参数包括发动机机动突防所需的燃料质量、推力方向和机动时机。由于突防发动机所能允许携带的燃料是有限的，而在实际突防作战中往往需要针对多枚拦截导弹做多次机动规避，显然，应以发动机燃料消耗量最小为优化指标。

对于进攻弹头而言，在确定变轨规避策略时，需要考虑对目标的攻击效果和突破拦截系统拦截的双重要求。对目标的攻击效果要求主要是指落点精度要控制在某个可接受的阈值范围内；对拦截导弹的突防要求则是要求机动后产生的零控脱靶量要大于EKV的最大可机动能力。显然，在进行机动规避方案的设计时，应以机动产生的零控脱靶量和引起的落点偏差为约束条件。

经过以上的分析，对进攻弹头机动规避参数的优化设计，就有了如下两条思路：

一是以同时满足零控脱靶量要求和落点偏差要求为约束条件进行机动规避参数的总体设计。

第 5 章 基于遗传算法的轨控发动机规避参数最优控制

二是以先满足零控脱靶量要求设计机动规避参数，然后再通过弹道的修正，使落点偏差控制在可接受的阈值范围。

可以论证第一条思路是不可行的。第一条思路在运用人工智能算法搜索机动规避参数的解空间时，必须在达到零控脱靶量要求和小于规定落点偏差的交集内进行搜索，实际上这个交集是不存在的。用图 5.1 所示的进攻弹头机动引起的落点偏差示意图来说明这个问题。

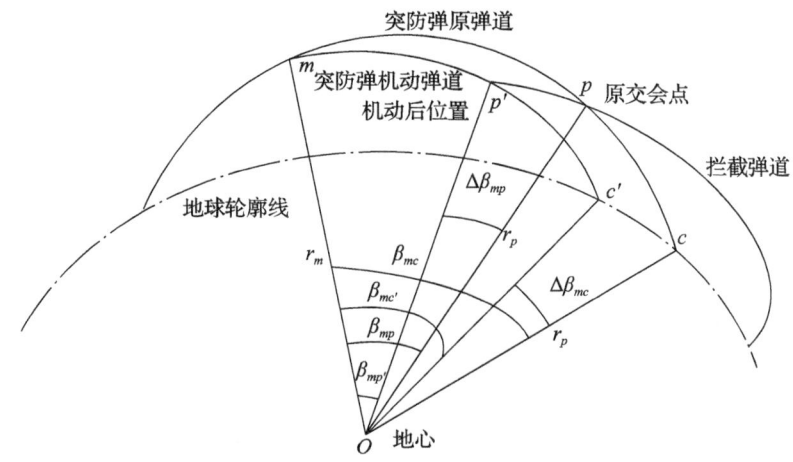

图 5.1　进攻弹头机动引起的落点偏差示意图

在图 5.1 中，如果进攻弹头不进行机动，拦截弹将在 p 点对进攻弹头实施拦截。进攻弹头在 m 点实施机动后，与原交会点的偏差为 pp'，产生的落点偏差为 cc'。根据对 EKV 战术技术性能的分析，一般认为 EKV 在末制导段的最大可机动能力不超过 1000m，因此，$pp' \geqslant 1000\text{m}$。进攻导弹机动后，其落点引起的弹着点散布误差增加量一般应小于 $20\% \cdot \varepsilon$（3σ）。几种典型远程弹道导弹精度数据见表 5.1。

表 5.1　几种典型远程弹道导弹精度数据表[18]

参数 \ 型号	"民兵"Ⅲ	MX	三叉戟-1	三叉戟-2
射程/km	13000	11100	7400	11100
精度（CEP）/m	370~450	90~120	230~500	90

可见，对于远程弹道导弹而言，其落点精度大约为数百米，即使以 CEP 为 5000m 算，因机动所造成的落点偏差也应小于 1000m，即 $pp'<1000\text{m}$，而从图中 5.1 中可以看出，$cc'>pp'$。因此，方案一是不可行的。故本书采用第二种

方案作为机动规避参数优化的设计方案。

5.3 进攻弹头机动规避效果评估模型

在进行进攻弹头机动规避参数的优化设计时,如果能够建立一个同时包含了各种机动规避参数的规避效果定量化评估的解析模型,对于机动规避参数解空间的求解自然是非常有利的。

本书第3章虽然就进攻弹头冲量大小、机动时机、机动方向等因素对于零控脱靶量和落点偏差的影响进行了研究,但是还没有建立一个能够包含上述决策变量的机动规避效果的评估模型。而从提高弹道中段进攻弹头的机动规避突防效果角度考虑,则需要构建以进攻弹的机动方式、机动时机、机动方向等规避参数为决策变量,以发动机推力、进攻弹与拦截器的过载、EKV的技术性能及拦截策略等为环境变量,以进攻弹头携带的燃料为约束条件,能够正确描述机动规避效果的突防效果评估模型。在此基础上,才能考虑利用人工智能算法,搜索能够满足约束条件要求和最大脱靶量要求的最优规避方案的解空间,完成包括对进攻弹头机动方式、机动时机、机动方向及姿态角控制等与变轨机动规避方案相关的各类相关参数的设计。因此,建立以突防决策因素为变量的突防效果评估模型是进攻弹头机动规避参数优化设计研究的基础。首先进行该方面的建模工作。

由于脱靶量计算模型是进行机动规避突防效果定量分析的基本依据,因此,本书在进行进攻弹头机动规避参数优化设计的建模工作时,首先考虑构建进攻弹头在EKV自由飞行段内机动时的脱靶量数值计算模型,应当予以指明的是,本章机动弹头在进行变轨规避时,所考虑的发动机推力并不仅仅指大推力。实际上,就目前而言,在固液发动机技术还没有完全成熟的情况下,为实现进攻弹头的多次变轨,可能更多考虑采用小推力、能多次点火的液体发动机作为进攻弹头的轨控发动机。根据第3章中表3.2的计算结果,我们知道当发动机提供的最大过载为$0.01g$时,要达到$1000m$的零控脱靶量,发动机需持续工作$20.8\sim23.8s$。在这种情况下,显然无法再用瞬时冲量假设理论计算进攻弹头机动后所产生的零控脱靶量了。因此,零控脱靶量的计算需要采用新的方法。

5.3.1 轨控发动机控制参数的零控脱靶量计算模型

1. 问题的描述

做如下假设来计算进攻弹头的零控脱靶量。

（1）假设 EKV 中制导结束后，EKV 的零控脱靶量最终将为零，同时令零控脱靶量发生时刻为 t_{end}（即拦截时刻），此时的拦截点为 p_0（x'_{s_end}，y'_{s_end}，z'_{s_end}）。

（2）进攻弹头在 t_0 时刻开始实施机动，进攻弹头在进行机动过程中，发动机持续工作时间为 Δt，此后到本次突防拦截对抗结束，发动机将不再点火。

（3）令突防发动机推力为 P_M，突防发动机推力方向与射击平面的夹角为 σ_t，推力在射击平面内的投影与 ox 轴的夹角为 θ_t。

在此基础上，画出 EKV 与进攻弹头的运动关系示意图。现以发射坐标系中的 OX 轴为参考线，做出图 5.2 所示的拦截对抗双方的运动关系示意图。

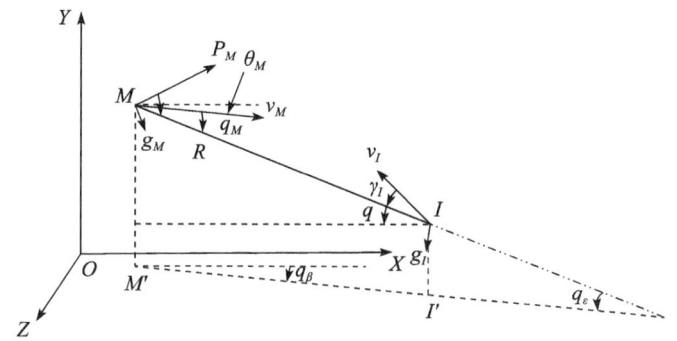

图 5.2　EKV 与进攻弹头相对运动示意图

对图 5.2 中的符号含义说明如下（有个别符号图中未标出）。

$OXYZ$：发射坐标系。

$MXYZ$：原点位于 M 的视线直角坐标系。

a_{MX}、a_{MY}、a_{MZ}：突防导弹 M 的加速度在 X_4、Y_4、Z_4 轴上的分量。

OXY 为射击平面；进攻弹头的质心为 M；EKV 的质心为 I；（x_m，y_m）和（x_i，y_i）分别为进攻弹头和 EKV 在射击平面的位置；连线 MI 为目标瞄准线（简称为目标线或视线）；R 为 EKV 与进攻弹头的相对距离；q 为目标线与基准线之间的夹角，称为目标线方位角，若从基准线逆时针旋转到目标线，则 q 为正；q_ε 为视线高低角，又称为视线倾角，表示视线与发射坐标系内平面 OXZ 之间的夹角；q_β 为视线方位角，又称为视线偏角，表示视线在侧向平面 OXZ 上的投影与 OX 轴之间的夹角；γ_M 和 γ_I 分别为进攻弹的航向角和 EKV 的前置角。此外，令 θ_M、σ_M 分别为进攻弹头的轨道倾角和轨道偏角，θ_I、σ_I 分别为 EKV 的轨道倾角和轨道偏角。

将推力在发射坐标系下分解，由于推力是施加在弹体的轴向，故根据进攻弹头的体坐标系和发射坐标系之间的坐标转化关系可知，推力在发射坐标系下的分量 (P_{fx}, P_{fy}, P_{fz}) 为

$$\begin{cases} P_{fx} = P_M \cos\theta_t \cos\sigma_t \\ P_{fy} = P_M \sin\theta_t \\ P_{fz} = -P_M \cos\theta_t \sin\sigma_t \end{cases} \tag{5.1}$$

2. 零控脱靶量的计算式

为得到零控脱靶量的解析式，将进攻弹头机动所产生的零控脱靶量分解到发射坐标系各轴上，先计算在发射系各轴上产生的分量，再综合得到零控脱靶量的计算式。

1) Y 轴上脱靶量的计算

首先推导纵向平面（弹道平面）内的脱靶量。为此，把进攻弹头与 EKV 的相对运动投影在发射平面内，得到图 5.3 所示的相对运动示意图。

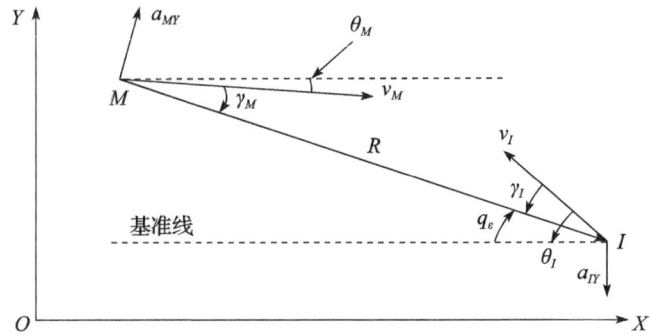

图 5.3 EKV 与进攻弹头在发射平面内的相对运动示意图

XOY 平面内，令在 Δt 时间内视线倾角的增量为 q_ε，Δt 时间内导弹和目标在 Y 轴上的相对位移为 R_y，则有

$$\sin q_\varepsilon = \frac{R_y}{R} \tag{5.2}$$

当 Δt 足够小时，q_ε 是一个很小的量，则有

$$q_\varepsilon = \frac{R_y}{R} \tag{5.3}$$

式（5.3）可变形为

$$R_y(t) \approx R(t) \cdot q_\varepsilon(t) \tag{5.4}$$

进攻弹头和 EKV 在发射坐标系 Y 轴上的加速度分量分别为 a_{MY}、a_{IY}，在某一时间区间 Δt 内，有

第5章 基于遗传算法的轨控发动机规避参数最优控制

$$\ddot{R}_Y = [R(t) \cdot q_\varepsilon(t)]'' = a_{MY} - a_{IY} = \ddot{R} \cdot q_\varepsilon + 2\dot{R}\dot{q}_\varepsilon + \ddot{q}_\varepsilon R \quad (5.5)$$

经整理得

$$\ddot{q}_\varepsilon = \frac{1}{R}(a_{MY} - a_{IY}) - \frac{2\dot{R}}{R}\dot{q}_\varepsilon - \frac{\ddot{R}}{R}q_\varepsilon \quad (5.6)$$

由于 EKV 在自由段滑行时只受重力作用,因此,a_{IY} 表示重力加速度在发射坐标系 Y 轴上的投影。a_{MY} 表示重力和进攻弹头推力产生的加速度在发射坐标系 Y 轴上的投影。在这里,为问题研究的方便,对于进攻弹头与 EKV 重力加速度之差采用零重力模型进行计算。

因此,式(5.6)变化为

$$\ddot{q}_\varepsilon = -\frac{2\dot{R}}{R}\dot{q}_\varepsilon - \frac{\ddot{R}}{R}q_\varepsilon + \frac{1}{R}a_{MY_P} \quad (5.7)$$

式中:a_{MY_P} 为进攻弹头推力在发射坐标系 Y 轴上的投影。

下面分析进攻弹头与 EKV 的相对运动。

进攻弹头的当前速度为 v_M,加速度为 $a_M(t)$;EKV 当前速度为 v_I,加速度为 $a_I(t)$。则两者的相对速度为

$$V_c = |v_M - v_I| \quad (5.8)$$

经过 Δt 时间的相对运动后,进攻弹头与 EKV 的速度分别为

$$\begin{cases} v_M(\Delta t) = v_M + \int_0^{\Delta t} a_M(t)\mathrm{d}t \\ v_I(\Delta t) = v_I + \int_0^{\Delta t} a_I(t)\mathrm{d}t \end{cases} \quad (5.9)$$

此时两者的接近速度为

$$V_c(\Delta t) = \left| v_M - v_I + \int_0^{\Delta t} a_M(t) - a_I(t)\mathrm{d}t \right|$$

$$\leqslant |v_M - v| + \left| \int_0^{\Delta t} a_M(t) - a_I(t)\mathrm{d}t \right| \approx V_c + \int_0^{\Delta t}\frac{P_M(t)}{m_M(t)}\mathrm{d}t \quad (5.10)$$

进攻弹头的过载一般不会大于 $2g$,即使当 Δt 取 10s 时,所引起的速度改变量也不会超过 200m/s。显然,当 Δt 较短时,$\int_0^{\Delta t}\frac{P_M(t)}{m_M(t)}\mathrm{d}t \ll V_c(\Delta t)$,故进攻弹头与 EKV 可近似为匀速运动,因此 $\ddot{R} \approx 0$,相对速度大小 $V_c = -\dot{R}$。式(5.7)可以简化为

$$\ddot{q}_\varepsilon = \frac{2V_c}{R}\dot{q}_\varepsilon + \frac{1}{R}a_{MY_P} \quad (5.11)$$

如果初始条件 $\dot{q}_\varepsilon(0)$、$R(0)$ 已知,那么只要知道 a_{MY_P} 的形式,就可对式(5.11)进行积分,求得

$$\dot{q}_\varepsilon(t)=\dot{q}_\varepsilon(0)\left[\frac{R(0)}{R(t)}\right]^2+\left\{\left[\frac{R(0)}{R(t)}\right]^2-1\right\}\frac{a_{MY_P}}{2\dot{R}(t)} \quad (5.12)$$

在进攻弹头持续机动了时间 t 后,进攻弹头与 EKV 之间的视线转率与 Y 向存在的速度偏差近似为

$$\Delta v_Y(t)=R(t)\dot{q}_\varepsilon(t) \quad (5.13)$$

式中：R 为相对距离；Δv_Y 为由于进攻弹头在 Y 向机动产生的速度偏差。

如果 EKV 不对其补偿,Δv_Y 经过 t_{g0} 的无控飞行后,引起的最终脱靶量近似为

$$R_{\text{miss\_}Y}=\Delta v_Y t_{g0}=R(t)\dot{q}_\varepsilon(t)t_{g0} \quad (5.14)$$

将式(5.12)代入式(5.14),从而得到 Y 方向的脱靶量与视线转率及相对距离的关系：

$$R_{\text{miss\_}Y}=R(t)\cdot t_{g0}\cdot\dot{q}_\varepsilon(0)\left[\frac{R(0)}{R(t)}\right]^2+R(t)\cdot t_{g0}\left\{\left[\frac{R(0)}{R(t)}\right]^2-1\right\}\frac{a_{MY_P}}{2\dot{R}(t)}$$
$$(5.15)$$

式中

$$a_{MY_p}=\frac{P_{fy}}{m_M}=\frac{P_M\sin\theta_t}{m_M} \quad (5.16)$$

2) Z 轴上的脱靶量计算

再推导侧向平面内机动时在 Z 轴上的脱靶量。为此,把进攻弹头与 EKV 的相对运动投影在横向平面内,得到图 5.4 所示的相对运动关系图。

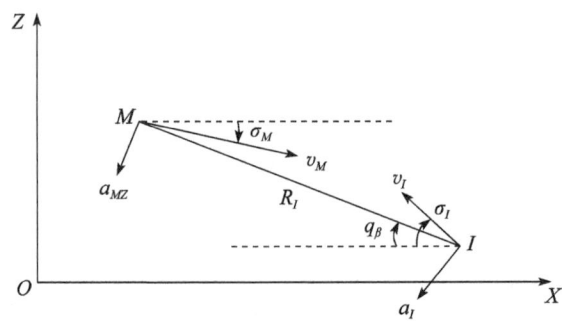

图 5.4　EKV 与进攻弹头在侧向平面内的相对运动示意图

从图 5.4 可以看出,进攻弹头在 OXZ 横向平面内机动时,EKV 与进攻弹

头相对视线距离 R 在 OXZ 平面上的投影为

$$R_1(t) = R(t) \cdot \cos q_\varepsilon(t) \tag{5.17}$$

显然，相对距离 R 在 Z 轴上的投影为

$$R_Z(t) = R(t) \cdot \cos q_\varepsilon(t) \cdot \sin q_\beta(t) = R_1(t) \cdot \sin q_\beta(t) \tag{5.18}$$

当时间 t 足够小时，$\sin q_\beta(t) \approx q_\beta(t)$，则式（5.18）可变形为

$$R_Z(t) \approx R_1(t) \cdot q_\beta(t) \tag{5.19}$$

仿照 Y 方向的脱靶量的推导过程，得到 Z 方向的脱靶量与视线转率及相对距离的关系：

$$R_{\text{miss\_}Z} = R_1(t) \cdot t_{g0} \cdot \dot{q}_\beta(0) \left[\frac{R_1(0)}{R_1(t)}\right]^2 + R_1(t) \cdot t_{g0} \left\{\left[\frac{R_1(0)}{R_1(t)}\right]^2 - 1\right\} \frac{a_{MZ_p}}{2\dot{R}_1(t)} \tag{5.20}$$

式中

$$a_{MZ_p} = \frac{P_{fz}}{m_M} = \frac{-P_M \cos\theta_t \sin\sigma_t}{m_M} \tag{5.21}$$

3）X 方向脱靶量的计算

对于 X 方向的脱靶量，采取摄动理论计算假想交会点纵向偏差的方法进行计算。

根据 5.3.1 节中的假设（1），可知进攻弹头不机动时，其交会点为 p_0，令该点的地心矢径为 r_{p_0}。进攻弹头在 M 点处开始机动，至 m 点处完成机动，然后在地心引力场作用下飞行。因此，计算 X 方向的脱靶量，实际上就是计算图 5.5 中所示的 p_0 的纵向偏差，即 pp' 的值。

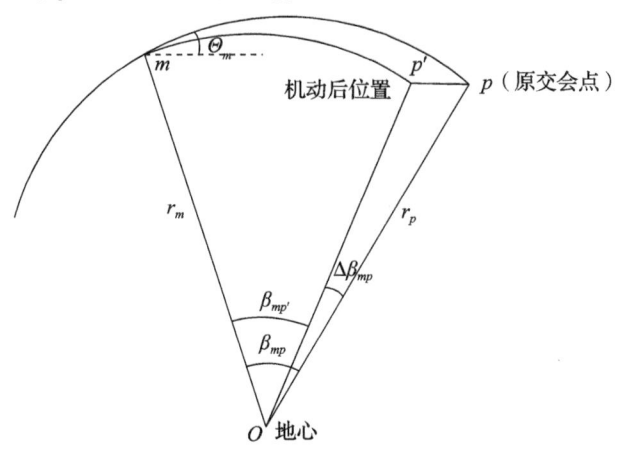

图 5.5 进攻弹头在 X 方向机动的示意图

进攻弹头机动在 p 点产生的纵向偏差用 ΔL_{mp} 表示，则

$$\Delta L_{mp} = r_p \cdot \Delta \beta_{mp} \qquad (5.22)$$

由摄动理论知，直角坐标参数的射程误差系数为

$$\Delta \beta_{mp} = \frac{\partial \beta_{mp}}{\partial v_m} \Delta v_m + \frac{\partial \beta_{mp}}{\partial x_m} \Delta x_m + \frac{\partial \beta_{mp}}{\partial y_m} \Delta y_m + \frac{\partial \beta_{mp}}{\partial \Theta_m} \Delta \Theta_m + 0(\Delta v_m, \Delta r_m, \Delta \Theta_m) \qquad (5.23)$$

式中：$\dfrac{\partial \beta_{mp}}{\partial x_m}$、$\dfrac{\partial \beta_{mp}}{\partial y_m}$ 分别为射程角对 m 点坐标参数 x_m、y_m 的偏导数；Δx_m、Δy_m 为因机动引起的 X 方向和 Y 方向的坐标偏差量。由于仅考虑 X 方向的脱靶量，故无须考虑弹道倾角 $\Delta \Theta_m$ 及 Y 轴方向的变化情况。忽略高阶项的影响，因此，仅需计算前两项。

$$\frac{\partial \beta_{me}}{\partial v_m} = \frac{4 \cdot r_p}{V_m} \frac{(1+\tan^2 \Theta_m) \sin^2 \dfrac{\beta_{mp}}{2} \tan \dfrac{\beta_{mp}}{2}}{v_m \left(r_m - r_p + r_p \cdot \tan \Theta_m \tan \dfrac{\beta_{mp}}{2} \right)} \qquad (5.24)$$

$$\frac{\partial \beta_{me}}{\partial x_m} = \frac{\cos \beta_m}{r_m} \qquad (5.25)$$

$$\Delta v_m = t \cdot a_{mx} \qquad (5.26)$$

$$\Delta x_m = \frac{1}{2} a_{mx} \cdot t^2 \qquad (5.27)$$

故 X 方向的脱靶量 R_{miss_X} 为

$$R_{\text{miss}\_X} = r_p \left[\frac{4 \cdot r_p}{V_m} \frac{(1+\tan^2 \Theta_m) \sin^2 \dfrac{\beta_{mp}}{2} \tan \dfrac{\beta_{mp}}{2}}{v_m \left(r_m - r_p + r_p \cdot \tan \Theta_m \tan \dfrac{\beta_{mp}}{2} \right)} t a_{mx} + \frac{\cos \beta_m}{r_m} \frac{1}{2} a_{mx} \cdot t^2 \right]$$

$$(5.28)$$

式中

$$a_{Mx} = \frac{P_{fx}}{m_M} = \frac{P_M \cos \theta_t \cos \sigma_t}{m_M} \qquad (5.29)$$

4）综合脱靶量的计算

综合脱靶量的计算公式为

$$R_{\text{miss}} = \sqrt{R_{\text{miss}\_Z}^2 + R_{\text{miss}\_Y}^2 + R_{\text{miss}\_X}^2} \qquad (5.30)$$

5.3.2 交会点参数的计算

在运用综合脱靶量的计算公式时，需要估算剩余飞行时间和原交会点地心

矢径等参数。主要讨论一下这些参数的简易算法。

由椭圆弹道理论知,无论是进攻弹头还是EKV,主动段关机点参数一旦确定,其在大气层外的弹道是椭圆轨道。两者的弹道交会点p,就是进攻弹头与EKV同时到达的一个空间几何点,在此点处,进攻弹头和EKV的地心矢径r_p相等。

根据问题研究的需要,首先建立进攻弹头和EKV的弹道模型。

1. 大气层外进攻弹头无控飞行弹道模型

由于进攻弹头与EKV的拦截对抗环境处于大气层外(>100km),其大气密度很小,因此可以忽略气动力及力矩对空间飞行器运动的影响。故在大气层外运动时,所受外力主要为地球引力G,此外,还有柯氏惯性力F_c和牵连惯性力F_e。由于轨迹坐标系(又称为弹道坐标系、半速度坐标系)下建立的描述飞行器运动的微分方程形式简捷,故本书考虑采用在轨迹坐标系下建立其动力学方程。

重力加速度计算模型采用

$$g = \frac{-\mu}{r^2} \tag{5.31}$$

式中:μ为地心引力常数,$\mu = 3.986005 \times 10^{14} \text{m}^3/\text{s}^2$。

将重力加速度投影到轨迹坐标系$Ox_2y_2z_2$上,得

$$\begin{bmatrix} g_{x_2} \\ g_{y_2} \\ g_{z_2} \end{bmatrix} = \begin{bmatrix} -g\left(\frac{x}{r}\cos\theta + \frac{R+y}{r}\sin\theta\right) \\ g\left(\frac{x}{r}\sin\theta - \frac{R+y}{r}\cos\theta\right) \\ g \cdot \sigma \frac{R+y}{r}\sin\theta \end{bmatrix} \tag{5.32}$$

柯氏惯性力F_c在轨迹坐标系上的投影为

$$\begin{bmatrix} F_{cx2} \\ F_{cy2} \\ F_{cz2} \end{bmatrix} = \begin{bmatrix} 0 \\ 2mV\omega\cos B\sin A \\ -2mV(\omega\cos B\cos A\sin\theta - \omega\sin B\cos\theta) \end{bmatrix} \tag{5.33}$$

式中:A、B分别为飞行器发射点的大地瞄准方位角和大地纬度。

由此建立进攻弹头/EKV在弹道坐标系下质心运动的动力学方程:

$$\begin{cases} \dot{V} = -g\left(\frac{x}{r}\cos\theta + \frac{R+y}{r}\sin\theta\right) \\ V\dot{\theta}_m = 2\omega\cos B \cdot \sin A \cdot V + g\left(\frac{x}{r}\sin\theta - \frac{R+y}{r}\cos\theta\right) \\ V\dot{\sigma}_m = g \cdot \sigma \frac{R+y}{r}\sin\theta_m - 2V(\omega\cos B_m\cos A_m\sin\theta_m - \omega\sin B_m\cos\theta_m) \end{cases} \tag{5.34}$$

由于在研究进攻弹头的运动规律时，一般是相对发射坐标系来说的，因此，以发射坐标系为基准，利用速度和发射坐标系之间的方向余弦矩阵，可得到质心运动学方程。

发射坐标系与轨迹坐标系的方向余弦矩阵为

$$C_g^e = \begin{bmatrix} \cos\theta\cos\sigma & -\sin\theta & \cos\theta\sin\sigma \\ \sin\theta\cos\sigma & \cos\theta & \sin\theta\sin\sigma \\ -\sin\sigma & 0 & \cos\sigma \end{bmatrix} \tag{5.35}$$

因此，飞行器质心相对于发射坐标系下的运动学方程为

$$\begin{bmatrix} V_x \\ V_y \\ V_z \end{bmatrix} = \begin{bmatrix} V\cos\theta\cos\sigma \\ V\sin\theta \\ -V\cos\theta\sin\sigma \end{bmatrix} \tag{5.36}$$

当弹道偏角很小时，可以近似认为 $\cos\sigma \approx 1$，$\sin\sigma \approx \sigma$，可简化为

$$\begin{bmatrix} V_x \\ V_y \\ V_z \end{bmatrix} = \begin{bmatrix} V\cos\theta \\ V\sin\theta \\ -V\sigma \end{bmatrix} \tag{5.37}$$

地心矢径按下式计算：

$$r = \sqrt{x^2 + (R+y)^2 + z^2} \tag{5.38}$$

式中：R 为平均地球半径；$R = 6371000$m。

下面给出当地弹道倾角 Θ 和航程角 f 的计算式。

当地弹道倾角是指飞行器在任一位置时的速度与当地水平面间的夹角。令发射点地心矢径为 R_0，其在发射坐标系下投影为 R_{0x}、R_{0y}、R_{0z}。则有：

$$\Theta = \arcsin\frac{V_x(R_{0x}+x) + V_y(R_{0y}+y) + V_z(R_{0z}+z)}{rV} \tag{5.39}$$

航程角是指飞行器任一位置地心矢径与发射点地心矢径 R_0 所成的夹角，其计算式为

$$f = \arccos\left[\frac{R_0}{r} + \frac{xR_{0x} + yR_{0y} + zR_{0z}}{rR_0}\right] \tag{5.40}$$

$$\Theta = \theta + f \tag{5.41}$$

令 θ_M、σ_M 分别为进攻弹头的轨道（速度）倾（斜）角、轨道（速度）偏（斜）角。令 EKV 助推火箭发动机关机时刻为突防对抗开始时刻。此时，进攻弹头的速度为 V_{M0}、弹道倾角为 θ_{M0}、弹道偏角为 σ_{M0}，在发射坐标系下的位置为 x_{M0}、y_{M0}、z_{M0}。则得到进攻弹头的弹道模型为

$$\begin{cases} V_M(t) = V_{M0} - \int_0^t g\left(\dfrac{x_M}{r_M}\cos\theta_M + \dfrac{R+y_M}{r_M}\sin\theta_M\right)\mathrm{d}t \\ \theta_M(t) = \theta_{M0} + \int_0^t 2\omega\cos B_M \sin A_M + \dfrac{g\left(\dfrac{x_M}{r_M}\sin\theta_M - \dfrac{R+y_M}{r_M}\cos\theta_M\right)}{V_M}\mathrm{d}t \\ \sigma_M(t) = \sigma_{M0} + \int_0^t g\cdot\sigma_M\cdot\sin\theta_M \dfrac{R+y_M}{r_M\cdot V_M} \\ \qquad\qquad + 2(\omega\cos B_M \cos A_M \sin\theta_M - \omega\sin B_M \cos\theta_M)\mathrm{d}t \end{cases} \quad (5.42)$$

$$\begin{cases} x_M(t) = x_{M0} + \int_0^t V_M(t)\cdot\cos\theta_M(t)\mathrm{d}t \\ y_M(t) = y_{M0} + \int_0^t V_M(t)\cdot\sin\theta_M(t)\mathrm{d}t \\ z_M(t) = z_{M0} - \int_0^t V_M(t)\cdot\sigma_M(t)\mathrm{d}t \end{cases} \quad (5.43)$$

通过式（5.42）、式（5.43）可以计算自由段任一点的地心矢径 r、弹道倾角 Θ 和航程角 f 的值。

2. EKV 自由段的弹道模型

经过同样的分析可以得到 EKV 自由段的弹道模型，只要将进攻弹头的自由段的弹道模型的下标改为 I 即可。

3. 拦截点的计算

进攻弹头/EKV 在自由段飞行时，如果令飞行器在 m 点的速度为 V_m、弹道倾角为 Θ_m、地心矢径为 r_m，则由椭圆弹道理论可知，飞行器在自由飞行段将沿椭圆弹道运动。其任一点的地心距为[19]

$$r = \dfrac{P}{1+e\cos f} \quad (5.44)$$

半通径 P 为

$$P = \dfrac{r_m V_m^2 \cos^2\Theta_m}{\dfrac{\mu}{r_m}} \quad (5.45)$$

式中：μ 为地球引力常数。

偏心率 e 为

$$e = \sqrt{1 + \dfrac{V_m^2}{\dfrac{\mu}{r_m}}\left(\dfrac{V_m^2}{\dfrac{\mu}{r_m}} - 2\right)\cos^2\Theta_m} \quad (5.46)$$

能量参数为

$$v_m = \frac{V_m^2}{\dfrac{\mu}{r_m}} \tag{5.47}$$

由文献［20］知道，在一条空间轨道上，由 r_i 运动到 r_j 点所需的时间 Δt_{ij} 为

$$\Delta t_{ij} = \frac{r_i^2 - r_j^2}{2V_i r_i \sin[\Theta_i + 0.4(\Theta_j - \Theta_i)]} \tag{5.48}$$

令突防对抗时刻（即 EKV 中制导结束后），进攻导弹 m 处速度为 V_m、弹道倾角为 Θ_m、地心矢径为 r_m，令该轨道上某点 p 极角为 f_p，则该点的地心距 r_p 为

$$r_p = \frac{\dfrac{r_m V_m^2 \cos^2 \Theta_m}{\dfrac{\mu}{r_m}}}{1 + \sqrt{1 + \dfrac{V_m^2}{\dfrac{\mu}{r_m}}\left(\dfrac{V_m^2}{\dfrac{\mu}{r_m}} - 2\right)\cos^2 \Theta_m \cos f_p}} \tag{5.49}$$

同样，如果令 EKV 中制导结束后，EKV 关机点 I 处速度为 V_I、地心矢径为 r_I、弹道倾角为 Θ_I，EKV 在任一点 q 处的极角为 f_q，则该点的地心距 r_q 为

$$r_q = \frac{\dfrac{r_I V_i^2 \cos^2 \Theta_I}{\dfrac{\mu}{r_I}}}{1 + \sqrt{1 + \dfrac{V_I^2}{\dfrac{\mu}{r_I}}\left(\dfrac{V_I^2}{\dfrac{\mu}{r_I}} - 2\right)\cos^2 \Theta_I \cos f_q}} \tag{5.50}$$

拦截交会点用以下方法进行计算。

首先，利用数值方法对进攻弹头和 EKV 进行某个步长的轨道递推，得到进攻弹头和 EKV 一个步长后的位置矢量，分别令为 r_{2_M} 和 r_{2_I}。

然后，用式（5.48）分别计算进攻弹头和 EKV 从初始位置运动到此位置所需的时间，分别令其为 Δt_M 和 Δt_I。

再进行判断，令 ε 为误差阈值，如果 $|\Delta t_M - \Delta t_I| > \varepsilon$，说明估算的时间误差还较大，需要再对目标轨道进行递推。

重复以上步骤，直至 $|\Delta t_M - \Delta t_I| \leq \varepsilon$，便可得到预测拦截点。

至此，可以得到剩余飞行时间和原交会点地心矢径等参数。

5.4 基于遗传算法的进攻弹头机动规避参数优化设计

遗传算法提供了一套求解复杂问题的通用方法，其求解要素包括5个方面：染色体编码、初始群体、适应度函数、遗传操作和控制参数[21-25]。它使用随机转换原则，在点群集合上根据问题本身的目标函数进行寻优，算法不容易陷入局部极值解。与传统算法相比，遗传算法由于采用整体搜索策略且优化计算时不依赖于模型梯度信息，所以其应用范围非常广泛，特别是对于传统搜索方法难以解决的高度复杂的非线性优化问题，遗传算法更显示其优越性。

5.4.1 进攻弹头机动规避的优化目标与约束条件

本书研究的基于遗传算法的进攻弹头机动规避的轨道优化参数包括：突防轨控发动机轨控推力作用方向和作用时间。显然，应以机动过程中发动机燃料消耗量最少为优化指标，而约束条件则是指机动后产生的突防脱靶量。

1. 优化模型的建立

根据以上分析可以建立如下机动规避参数优化模型。
目标函数为

$$J = \min \int_{t_1}^{t_2} |m'| \mathrm{d}t$$

$$m'(t) = \begin{cases} 0, & \text{其他} \\ -k, & t_0 \leq t \leq t_1 \end{cases} \quad (5.51)$$

使 J 最小的终端约束条件为

$$\begin{cases} R_{\text{miss}} \geq R_{\text{miss\_0}} \\ 0 \leq t_1 \leq t_{\text{end}} \\ 0 \leq t_2 \leq t_{\text{end}} - t_1 \end{cases} \quad (5.52)$$

式中：$R_{\text{miss\_0}}$ 为允许的偏差范围，一般情况下，$R_{\text{miss\_0}} \leq (1+20\%) \cdot \varepsilon\ (3\sigma)$。

下面推导各变量与目标函数之间的内在关系。

2. 各决策变量与目标函数之间的关系推导

在5.2节中，虽然已经建立了以零控脱靶量为指标的描述机动规避效果的评估模型，但是仍需要进一步明确机动规避的优化目标与约束条件的内在关系，为此，建立进攻弹头的动力学和运动学方程，在此基础上，分析剩余飞行时间、剩余射程角、弹道倾角与燃料消耗之间的定量关系是必需的。

由于在式（5.15）和式（5.20）计算 Y 方向和 Z 方向的脱靶量分量时，需要获得机动开始时刻 t_1 和机动结束时刻 t_2 进攻弹头与 EKV 的视线距离 $R(t_1)$、$R(t_2)$ 及 t_1 时刻视线高低角角速率 $\dot{q}_\varepsilon$ 与视线方位角角速率 $\dot{q}_\beta$ 的值，故需要建立视线运动学和动力学微分方程。根据图 5.2 中的几何关系，得出视线运动学微分方程[27]：

$$\begin{cases} \dot{R} = V_M[\cos q_\varepsilon \cos\theta_M \cos(q_\beta - \sigma_M) + \sin q_\varepsilon \sin\theta_M] - \\ \quad V_I[\cos q_\varepsilon \cos\theta_I \cos(q_\beta - \sigma_I) + \sin q_\varepsilon \sin\theta_I] \\ R\dot{q}_\varepsilon = V_M[\cos q_\varepsilon \cos\theta_M - \sin q_\varepsilon \cos\theta_M \cos(q_\beta - \sigma_M)] - \\ \quad V_I[\cos q_\varepsilon \sin\theta_I - \sin q_\varepsilon \cos\theta_I \cos(q_\beta - \sigma_I)] \\ -R\dot{q}_\beta \cos q_\varepsilon = V_M \cos\theta_M \sin(q_\beta - \sigma_M) - V_I \cos\theta_I \sin(q_\beta - \sigma_I) \end{cases} \quad (5.53)$$

式中：θ_M、σ_M 分别为进攻弹头的轨道倾角和轨道偏角；θ_I、σ_I 分别为 EKV 的轨道倾角和轨道偏角；M 为导弹质心；I 为 EKV 质心；连线 MI 为目标瞄准线（简称目标线或视线）；q_ε 为视线高低角，又称为视线倾角；q_β 为视线方位角，又称为视线偏角。

$$\begin{cases} q_\varepsilon = \arctan\left[\dfrac{\Delta y}{\sqrt{\Delta x^2 + \Delta z^2}}\right] \\ q_\beta = \arctan\left[\dfrac{-\Delta z}{\Delta x}\right] \end{cases} \quad (5.54)$$

式中：$\Delta x = x_M - x_I$；$\Delta y = y_M - y_I$；$\Delta z = z_M - z_I$[29]。

根据图 5.2 中所示的几何关系可推导机动过程中的视线动力学模型。视线动力学微分方程可表示为[28]

$$\begin{cases} \ddot{R} - R[\dot{q}_\varepsilon^2 + (\dot{q}_\beta \cos q_\varepsilon)^2] = a_{XM} - a_{XI} \\ \ddot{q}_\varepsilon R - 2\dot{R}\dot{q}_\varepsilon + R\dot{q}_\beta^2 \cos q_\varepsilon \sin q_\varepsilon = a_{YM} - a_{YI} \\ \ddot{q}_\beta R \cos q_\varepsilon + 2\dot{R}\dot{q}_\beta \cos q_\varepsilon - R\dot{q}_\varepsilon \dot{q}_\beta \sin q_\varepsilon = a_{ZM} - a_{ZI} \end{cases} \quad (5.55)$$

由于进攻弹头机动过程中仅受发动机推力和重力作用，EKV 仅受重力作用。根据前面的假设对于 EKV 与进攻弹头的重力差采用零值计算模型，故将视线两端点处作用力生产的加速度分解到视线坐标系后，便仅剩下因推力在视线坐标系下投影而产生的加速度了。

现在推导突防发动机推力在视线坐标系下如何分解。首先将推力在发射坐标系下分解，得到推力在发射坐标系下的分量（P_{fx}，P_{fy}，P_{fz}），见式（5.1）

由发射坐标系到视线坐标系的坐标转化关系为

$$C_4 = \begin{bmatrix} \cos q_\varepsilon \cos q_\beta & \sin q_\varepsilon & -\sin q_\beta \cos q_\varepsilon \\ -\sin q_\varepsilon \cos q_\beta & \cos q_\varepsilon & \sin q_\varepsilon \sin q_\beta \\ \sin q_\beta & 0 & \cos q_\beta \end{bmatrix} \quad (5.56)$$

令进攻弹头质量为 m_M，再将推力产生的加速度 a_M 分解到视线坐标系 Z 方向上，得到分量 a_{MZ_4}。

$$\begin{bmatrix} a_{MX_4} \\ a_{MY_4} \\ a_{MZ_4} \end{bmatrix} = C_4 \cdot \begin{bmatrix} P_{sx} \\ P_{sy} \\ P_{sz} \end{bmatrix} / m_M \quad (5.57)$$

故机动过程中进攻弹头与 EKV 的视线动力学模型为

$$\begin{cases} \ddot{R} - R[\dot{q}_\varepsilon^2 + (\dot{q}_\beta \cos q_\varepsilon)^2] = a_{MX_4} \\ \ddot{q}_\varepsilon R - 2\dot{R}\dot{q}_\varepsilon + R\dot{q}_\beta^2 \cos q_\varepsilon \sin q_\varepsilon = a_{MY_4} \\ \ddot{q}_\beta R\cos q_\varepsilon + 2\dot{R}\dot{q}_\beta \cos q_\varepsilon - R\dot{q}_\varepsilon \dot{q}_\beta \sin q_\varepsilon = a_{MZ_4} \end{cases} \quad (5.58)$$

计算过程大致如下。

先由式（5.42）推导出经过 t_1 时间自由滑行后，进攻弹头和 EKV 的速度与欧拉角信息：V_M、θ_M、σ_M 和 V_I、θ_I、σ_I（获取机动起始信息）；

由式（5.43）计算出 t_1 时刻各自的位置信息：x_m、y_m、z_m，x_I、y_I、z_I；

由式（5.38）计算 t_1 时刻进攻弹头的地心矢径，令其为 r_m。

由式（5.53）推导出 $R(t_1)$、$\dot{q}_\varepsilon(t_1)$ 与 $\dot{q}_\beta(t_1)$。

根据式（5.16）、式（5.21）、式（5.29）计算推力在发射系下的投影。

由式（5.58）推导出 t_2 时刻的视线距离 $R(t_2)$。

根据式（5.15）、式（5.20）计算 Y 方向、Z 方向的脱靶量分量。

用式（5.59）计算 m、p 之间的航程角 β_{mp}，即

$$\beta_{mp} = \arccos\left[\frac{R_0}{r_p} + \frac{x_p R_{ox} + y_p R_{oy} + z_p R_{oz}}{r_p R_0}\right] - \arccos\left[\frac{R_0}{r_m} + \frac{x_m R_{ox} + y_m R_{oy} + z_m R_{oz}}{r_m R_0}\right] \quad (5.59)$$

用式（5.28）计算 X 方向的脱靶量；根据式（5.30）计算零控脱靶量。

5.4.2 遗传算法设计

考虑遗传算法具有通用性、鲁棒性及全局最优性等优点,适用于处理传统搜索方法难以解决的复杂非线性问题。由于本书需要解决的优化问题具有较多约束条件,因此在算法设计中拟引入惩罚函数方法,并通过动态改变算法参数改进优化收敛性。

1. 编码方式

遗传算法在求解时,必须在目标问题的实际表示与遗传算法的染色体位串结构之间建立联系,确定编码和解码方式。由于待优化变量不多,采用二进制编码方式,它是遗传算法中一种简便易行的常用方法。采用这一编码方式可在保证求解精度的情况下,使编码、解码、交叉、变异等遗传操作更容易实现。

根据零控脱靶量的计算式可知,对 t_1 而言,由于其对于零控脱靶量并不影响,故精度要求并不高,在此选择精度为秒(s)即可。t_1 的取值区间为 $[0, t_{end}]$,根据第 2 章的分析可知,EKV 从与助推火箭分离到末制导开始,其间约为 7min。可知,当二进制串位数取为 9 时即可满足 t_1 的精度要求。对于 t_2,其精度取为 0.01s 可满足要求,t_2 的取值范围为 $[0, t_{end}]$,故二进制串位数取为 16 时,精度为 0.0064<0.010s,可满足要求。对于 σ_t 和 θ_t,其取值范围都为 $[-\pi/2, \pi/2]$,当精度取为 0.01°时,各需 15 个二进制串。故共需二进制串位数为 55。

2. 初始群体的产生

采用随机生成的方法建立初始群体。当遗传的群体规模取到适当个体数目时,利用这种随机方法产生的群体即可以比较均匀地散布到整个搜索空间,又不使群体形态过于分散而导致收敛困难。

3. 适应度的计算

为提高算法寻优的效率,考虑采用惩罚函数方法建立适应度函数。由于本书求解的是最小值问题,因此目标函数值越小,其适应度越好,所以适应度函数取为

$$\text{Fit} = \begin{cases} \int_{t_1}^{t_2} m'(t)\mathrm{d}t + N \cdot \alpha(R_{\text{miss\_0}} - R_{\text{miss\_i}}), R_{\text{miss\_i}} < R_{\text{miss\_0}} \\ \int_{t_1}^{t_{1i}} m'(t)\mathrm{d}t, R_{\text{miss\_i}} \geq R_{\text{miss\_0}} \\ \infty, t_2 > t_{end} - t_1 \end{cases} \quad (5.60)$$

式中:$\alpha(R_{\text{miss\_0}} - R_{\text{miss}})$ 为惩罚函数,表示当产生的零控脱靶量 R_{miss} 还达不到规定要求的 $R_{\text{miss\_0}}$ 时,需要惩罚的燃料;N 为惩罚系数。由于 $R_{\text{miss\_0}} - R_{\text{miss}}$ 表示

的是距离，而所求解的目标函数是消耗的燃料质量，故需要将待机动距离 $R_{miss\_0}-R_{miss}$ 转换为燃料消耗量。可以推导出机动距离 D 与燃料消耗量 m_X 之间存在如下关系：

$$m_X^2 = \frac{2m}{P_M} m'^2 \cdot D \tag{5.61}$$

故惩罚函数可表示为

$$\alpha(R_{miss\_0}-R_{miss}) = \sqrt{\frac{2m}{P_M} m'^2 \cdot (R_{miss\_0}-R_{miss})} \tag{5.62}$$

4. 选择操作

本书采用锦标赛选择。首先随机地在群体中选择 2 个个体进行比较，适应度最好的个体将被选择作为生成下一代的父代个体。这种选择方式也使得适应度好的个体具有较大的"生存"机会。同时，由于它只使用适应度的相对值作为选择的标准，而与适应度的数值大小不成直接比例，所以它也能避免超级个体的影响，在一定程度上，防止过早收敛和停滞现象的发生。

5. 交叉操作

在连续型遗传算法中，每个十进制数被视作一个基因整体，所以我们采用算术交叉法来进行交换计算，对于父代个体 a 和 b，交叉操作产生两个新个体 a' 和 b'。

$$\begin{cases} a' = r \cdot a + (1-r) \cdot b \\ b' = r \cdot b + (1-r) \cdot a \end{cases} \tag{5.63}$$

式中：r 为 [0, 1] 之间的随机数。

6. 变异操作

变异操作采用非均匀变异方法，个体基因参数为 c，则变异产生的新个体基因 c' 为

$$c' = \begin{cases} c+(c_{max}-c_{min})\left(1-r^{\left(1-\frac{g}{G}\right)^2}\right), r>0.5 \\ c-(c_{max}-c_{min})\left(1-r^{\left(1-\frac{g}{G}\right)^2}\right), r<0.5 \end{cases} \tag{5.64}$$

式中：c_{max}、c_{min} 为基因的最大、最小值；r 为 [0, 1] 之间的随机数；G 为最大允许迭代次数；g 为当前迭代次数。

7. 算法流程

机动规避参数的优化解算比较复杂，需要对进攻弹头、EKV 动力学方程、运动学方程、视线运动方程、零控脱靶量计算方程等一系列变系数非线性常微分方程组同时进行解算，本书设计了具体求解流程，见图 5.6。

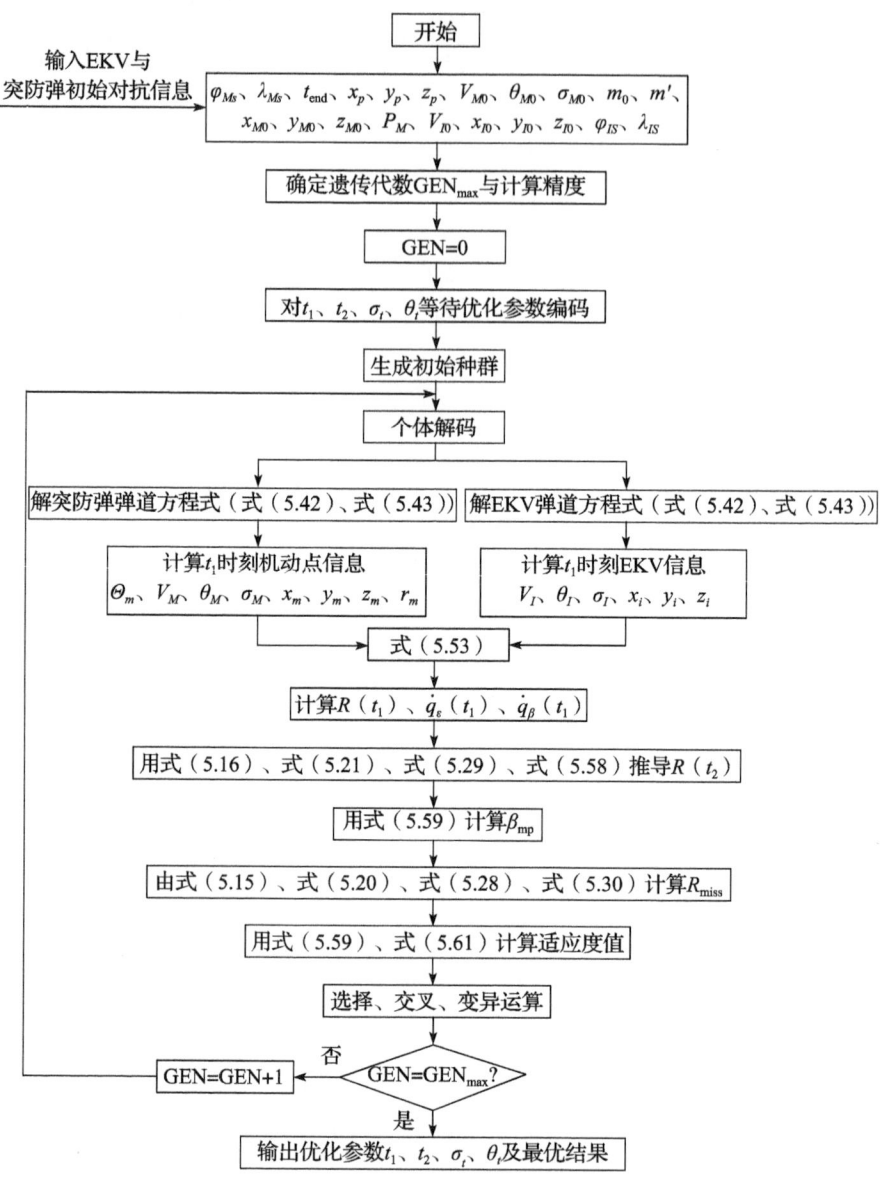

图 5.6 机动规避参数求解流程图

5.5 仿真算例

仿真对抗的初始条件如下。

进攻弹头主动段关机点参数：关机时刻为 273.175s，发射系下 X 方向速度为 6326.89m/s，Y 方向速度为 1303.06m/s，Z 方向速度为 140.113m/s，发射系下 X 方向坐标为 728773m，Y 方向坐标为 225642m，Z 方向坐标为 11879.3m。

对抗开始时刻为 441.093s，进攻弹头的速度与位置信息分别为 V_x = 6068.18m/s，V_y = -213.79m/s，V_z = 232.001m/s，x = 1773518.636m，y = 314938.35m，z = 43603.03m，h = 546300.13m。

对于拦截点的计算，本书采用自适应变步长龙格-库塔方法。

EKV 选择的拦截时刻为 920.123s，该点处进攻弹头的速度与位置信息分别为 V_x = 4335.0986，V_y = -3814.656m/s，V_z = 306.2088m/s，x = 4320264.968m，y = -687379.0918m，z = 184103.964m，h = 77077.577m。

假设进攻弹头机动后引起的零控脱靶量要求达到 3200m，进攻弹头机动规避参数的搜索变化范围分别为：突防发动机轨控推力工作时间的变化范围为 0~80s；推力 σ_t 方向和 θ_t 方向的变化范围均选择为 $[-\pi, \pi]$；并且设 σ_t 和 θ_t 在进攻弹头整个变轨过程中保持不变。

运用遗传算法进行求解时，设定最大遗传代数为 100，初始群体选择为 100 个。由于优化搜索过程中参数变化范围比较大，加之仿真过程中发现求解收敛性对算法交叉和变异概率值的选择比较敏感，因此，在运用遗传算法进行仿真时，根据适应度函数值动态调整算法的变异和交叉概率，加快寻找满足约束条件的可行解的收敛过程。

图 5.7 所示为遗传进化过程中进攻弹头机动持续时间随遗传代数的变化图。图 5.8、图 5.9 所示为各优化参数随遗传代数的变化过程。由图 5.7~图 5.9 可知，遗传算法在进化过程中可以实现在大范围内对参数的多次调整，并使其逐步逼近满足约束条件的最优解。

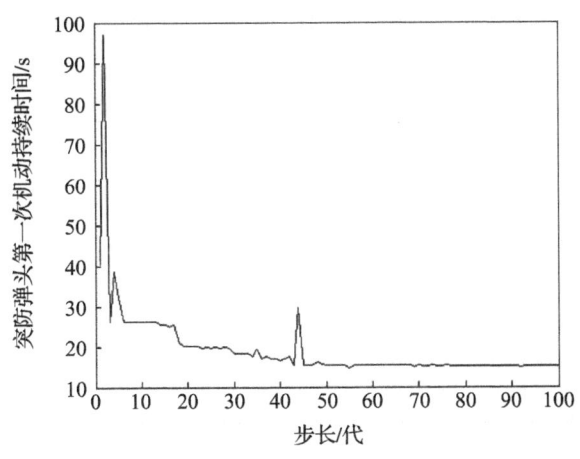

图 5.7 进攻弹头第一次机动持续时间随遗传代数的变化图

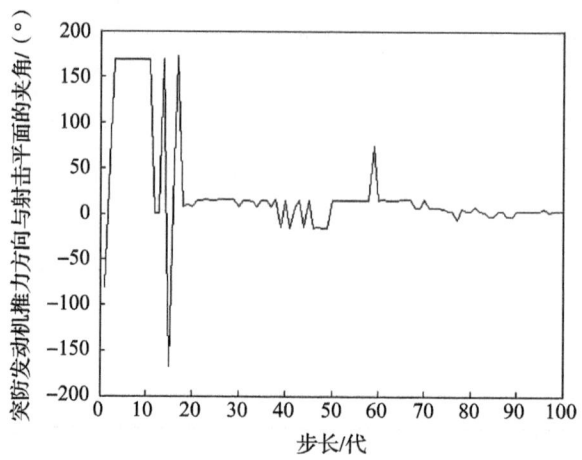

图 5.8　进攻弹头轨控发动机推力与射击平面夹角随着遗传代数变化图

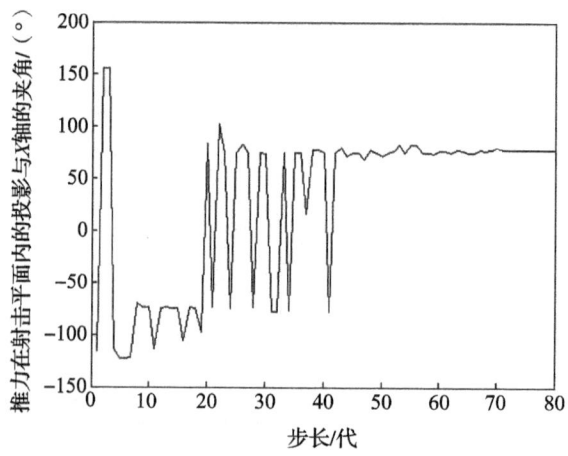

图 5.9　推力在射击平面内的投影与 OX 轴的夹角随遗传代数变化图

进攻弹头机动所产生的零控脱靶量随遗传代数变化关系如图 5.10 所示。

仿真结果表明，遗传算法在进化到 100 代后得到该问题的参数最优解为：$t_1 = 15.0188\text{s}$，$\sigma_t = 2.994°$，$\theta_t = 85.767°$。在以上机动规避参数下，计算得到的零控脱靶量为 3200.885m，产生的横向落点偏差为 -22.604km，产生的纵向落点偏差为 -0.18556km。

以上仿真结果表明。本书研究的遗传算法能有效地处理带有多约束的复杂非线性轨道拦截优化问题。

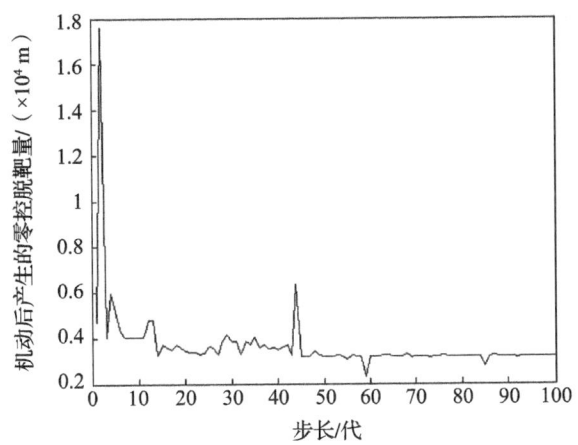

图 5.10 进攻弹头机动所产生的零控脱靶量随遗传代数变化图

5.6 本章小结

为设计出满足脱靶量要求的机动规避方案，本章主要研究了基于进攻弹头有限推力背景下的最优机动规避轨道的求解问题。通过建立进攻弹头和 EKV 的运动学与动力学模型、突防对抗的视线动力学模型与运动学模型、各姿态角的关系转换模型、推进剂消耗量与推力及运动状态的关系模型等，推导了进攻弹头机动规避产生的零控脱靶量计算模型；通过选取突防轨控发动机推力作用方向、轨控发动机工作时间为优化参数，以燃料消耗量最小为优化指标，以达到规定零控脱靶量为约束条件，建立了评估机动突防效果的突防决策变量优化规划模型。在此基础上，采用遗传算法，研究了进攻弹头机动规避的参数优化的算法实现问题，初步实现对包含进攻弹头推力大小、机动时机、机动方向等多项涉及变轨机动方案的突防决策变量的优化规划。仿真结果表明，在进攻弹头变轨参数优化过程中引入罚函数的方法，能在大尺度搜索空间上较好地得到机动规避方案的最优决策参数，从而为机动规避参数优化提供一种有效的算法。

参考文献

[1] 郗晓宁，王威. 近地航天器轨道基础 [M]. 长沙：国防科技大学出版社，2003.
[2] 秦化淑，王朝珠. 大气层外拦截交会的导引问题 [M]. 北京：国防工业出版社，1997.

[3] 王石,祝开建,戴金海,等.用EA求解非固定时间轨道转移和拦截问题[J].国防科技大学学报,2001,23(5):1-4.

[4] 程国采.航天飞行器最优控制理论与方法[M].北京:国防工业出版社,1999.

[5] 荆武兴,吴瑶华,杨涤.基于交会概念的最省燃料共面有限推力轨道转移方法[J].哈尔滨工业大学学报.1997,29(4):132-135.

[6] 王小军,吴德隆,余梦伦.最少燃料消耗的固定推力共面轨道变轨研究[J].宇航学报.1995,16(4):9-15.

[7] Dewell L, Menont P. Low-thrust orbit transfer optimization using genetic search [C] // Guidance, Navigation, and Control Conference and Exhibit. Portland, United States Duration: AIAA.1999, 4151: 1109-1116.

[8] Wuerl A, Crain T, Braden E. Genetic Algorithm and Calculus of Variations-Based Trajectory Optimization Technique [J]. Journal of Spacecraft & Rockets, 2003, 40 (6): 882-888.

[9] 云庆夏.进化算法[M].北京:冶金工业出版社,2000.

[10] Kenndey J, Eberhart R. Particle swarm optimization [C] //. Proceedings of IEEE Conference on Neural Networks. Perth, Australia: IEEE.1995, 4: 1942-1948.

[11] Millar Robert. J. An Artificial Intelligence Based Framework for Planning Air Laun- ched Cruised Missile Mission [R]. Ohio, U.S.A.: AIR FORCE INST OF TECH WRIGHT-PATTERSON AFB OH SCHOOL OF ENGINEERING, 1984.

[12] Hura M, McLeod G. Route Planning Issues for Low Observable Aircraft and Cruise Missiles [R]. Santa Monica, California: RAND Corporation, 1993.

[13] Whitbeck Richard F. Optimal Terrain-Following Feedback Control for Advance Cruise Missile [R]. Hawthorne, CA: SYSTEMS TECHNOLOGY INC HAWTHORNE CA, 1982.

[14] Denton R V. Jones J E. Demonstration of an Innovation Technique for Terrain Following/Terrain Avoidance—The Dynapath Algorithm [R]. Dayton, Ohio, U.S.A.: IEEE NAECON Conference, 1985: 522-529.

[15] Halpern M E. Application of the A* Algorithm to Aircraft Trajectory Generation [R]. AUSTRALIA: AERONAUTICAL RESEARCH LABS MELBOURNE, 1993.

[16] Kenndey J, Eberhart R. Particle swarm optimization [C] //. Proceedings of IEEE Conference on Neural Networks. Perth, Australia: IEEE.1995, 4: 1942-1948.

[17] 周明,孙树栋.遗传算法原理及应用[M].北京:国防工业出版社,1999.

[18] 刘石泉.弹道导弹突防技术导论[M].北京:中国宇航出版社,2003.

[19] 张毅,肖龙旭,王顺宏.弹道导弹弹道学[M].长沙:国防科技大学出版社,2005.

[20] 程国采.战术导弹导引方法[M].北京:国防工业出版社,1996.

[21] 刘勇等.非数值并行算法-遗传算法[M].北京:科学出版社,1997.

[22] 席裕庚,恽为民.遗传算法综述[J].控制理论与应用,1996,13(6):697-708.

[23] Janin G, Gomez-Tierno M A. The genetic algorithms for trajectory optimization [R]. Stockholm, Sweden: International Astronautical Congress, 1985.

[24] Yi M, Ding M, Zhou C. 3D route planning using genetic algorithm [C] //International Symposium on Multispectral Image Processing (ISMIP'98). Bellingham, Washington: International Society for Optics and Photonics, 1998, 3545: 92-95.

[25] Nikolos I K, Valavanis K P, Tsourveloudis N C, et al. Evolutionary Algorithm Based Offline/Online Path

Planner for UAV Navigation [J]. IEEE Transactions on Systems, Man, and Cybernetics-Part B: Cybernetics. IEEE Trans Syst Man Cybern B Cybern, 2003, 33, (6): 898-912.

[26] 胡恒章. 航天器控制 [M]. 北京: 宇航出版社, 1997.

[27] 罗珊, 方群, 涂良辉. 弹道导弹反动能拦截器机动突防研究 [J]. 弹箭与制导学报, 2006, 26 (2): 1121-1124.

[28] 崔静. 导弹机动突防理论及应用研究 [D]. 北京: 北京航空航天大学, 2001.

[29] 周荻. 寻的导弹新型导引规律 [M]. 北京: 国防工业出版社, 2002.

[30] 汤一华, 陈士橹, 徐敏, 等. 基于遗传算法的有限推力轨道拦截优化研究 [J]. 西北工业大学学报, 2005, 23 (5): 671-675.

第6章
二次机动规避弹道优化及落点精度控制

第5章研究了基于最少燃料消耗情况下进攻弹头第一次机动规避的参数优化问题,但是进攻弹头在成功实现对 EKV 的机动规避后,由于弹道偏离了原弹道,势必产生落点偏差。此外,实际突防时,进攻导弹需要进行多次机动规避,这就产生了多次机动的弹道参数优化及落点偏差的纠正问题,如何在保持对目标命中精度要求的同时,通过弹道修正完成有限燃料载荷限制条件下的多次机动规避是本章的研究内容。

6.1 问题的提出

6.1.1 再次机动规避问题的描述

再次机动规避是指突防导弹在第一次机动规避产生足够大零控脱靶量的基础上,根据 EKV 可能在末制导段重新规划拦截点,实施以预测拦截导引[1-5]为特点的机动变轨拦截,采取针对性突防策略,在确保产生成功突防所需脱靶量的同时,通过对轨控发动机推力方向和机动持续时间等参数的设计来修正第一次机动规避的落点偏差。

1. 零控脱靶量较大情况下 EKV 拦截策略分析

由于突防导弹在 EKV 开始自由段无控滑行之初实施了变轨规避,产生了较大零控脱靶量,如果 EKV 不进行末制导或没有掌握好机动拦截的时机,会造成拦截失败。下面,分析 EKV 的拦截时机。

由本书第 2 章 EKV 的战术技术性能分析可知,EKV 末制导最大持续时间 T_{I_c} 为 5~7s,拦截速度 V_I 为 7~10km/s,最大过载 a_I 为 4g,最大可机动距离 d_I 为 1000m。

令进攻弹头因前一次机动产生的零控脱靶量为 R_{miss_1}，EKV 机动时机的选择需要分情况予以讨论。

1）$R_{miss\_1} \leqslant d_I$ 时

当进攻弹头机动产生的零控脱靶量不大于 EKV 的末制导最大机动距离时，由于 EKV 轨控发动机点火之后，无法进行再次点火，为防止在 EKV 轨控发动机停止工作之后，进攻弹头可能会利用碰撞拦截之前 EKV 又将处于无控滑行状态而再次实施变轨机动，故 EKV 应尽量把轨控发动机关机之后至拦截之前的剩余飞行时间压缩至零。根据第 4 章的研究，EKV 的最佳拦截策略是在轨控发动机燃料耗尽之前，重新选择一个拦截点，实施圆轨道持续变轨机动拦截或基于预测命中点的最优导引拦截，其拦截弹道如图 6.1 所示。

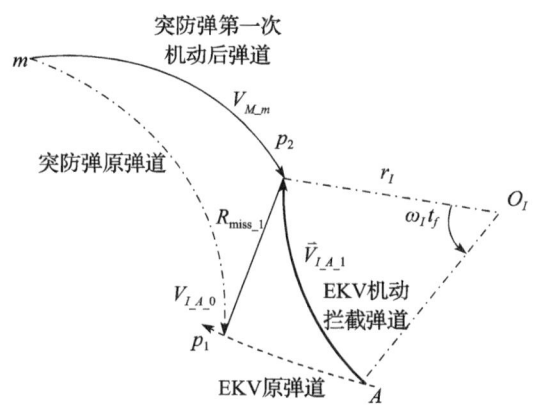

图 6.1　$R_{miss\_1} \leqslant d_I$ 时 EKV 拦截弹道示意图

图 6.1 中，p_1 点为原拦截点，p_2 点为 EKV 末制导段选择的拦截点。关于 EKV 与进攻弹头在 EKV 末制导段的拦截对抗，本书第 4 章已经研究过了，不再赘述。

2）$R_{miss\_1} > d_I$ 时

当进攻弹头机动产生的零控脱靶量大于 EKV 的末制导最大机动距离时，EKV 已经无法将机动后的无控滑行时间压缩至零。为尽量减少 EKV 轨控发动机关机之后，进攻弹头再次实施变轨机动的机动距离，EKV 拦截策略应是尽量把轨控发动机关机之后至拦截之前的剩余飞行时间压缩至最小。

由第 2 章的分析可知，EKV 在拦截进攻弹头时，采取的是逆轨碰撞拦截方式，故在 EKV 不实施末制导情况下，进攻弹头因机动而引起的零控脱靶量 R_{miss_1} 应与 EKV 和进攻弹头速度方向垂直。因此，EKV 要消除零控脱靶量为 R_{miss_1} 的偏差，其时间最短的机动路径应是使机动产生的位置偏差垂直于原弹道（或原速度）方向。同时，由前面的分析可知，无论飞行器的机动方向如何，它在 ΔT 时间段内进行机动所产生的位置偏差是恒定的，约为 $\dfrac{P \cdot (\Delta T)^2}{2m}$，产生的速度偏差为 $\dfrac{P \cdot \Delta T}{2m}$。其中，$P$ 为飞行器轨控发动机推力，m 为飞行器质量。综上所述，当进攻弹头机动的零控脱靶量大于 EKV 末制导段最大机动距离时，EKV 的最佳机动策略应是在垂直于原弹道方向持续加速，待轨控发动机燃料耗尽之后再经过一小段时间的无控滑行，最后于点 p_2 对进攻弹头实施拦截。其拦截弹道近似为一条直线，如图 6.2 所示。

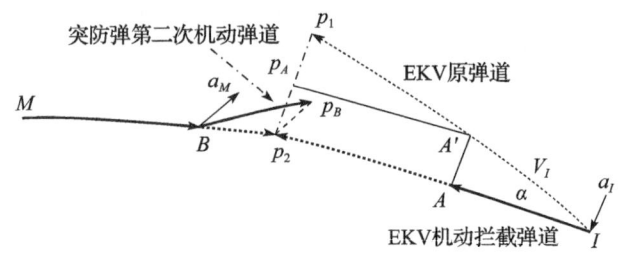

图 6.2　$R_{\text{miss\_1}} > d_I$ 时 EKV 拦截弹道示意图

在图 6.2 中，当零控脱靶量 $R_{\text{miss\_1}}$ 大于 EKV 最大机动能力时，EKV 机动到 A 点其燃料已经耗尽，但只能消除零控脱靶量的 $p_2 p_A$。此时，EKV 经轨控发动机以 a_I 的机动加速度在 $p_1 p_2$ 方向持续加速 $\Delta T_{\max}$ 段时间后，在 $p_1 p_2$ 方向已经获得了 $a_I \cdot \Delta T$ 的速度。在与进攻弹头相碰撞的剩余飞行时间 $t_{I s}$ 内，EKV 将继续机动飞行 $a_I \cdot \Delta T_{\max} \cdot t_{I s}$ 的距离，以消除剩下的零控脱靶量 $p_1 p_A$。

如果进攻弹头在 EKV 轨控发动机燃料耗尽时，已经运动到 B 点，并实施新的机动变轨，将产生 $B p_B$ 新机动弹道。此时，EKV 由于燃料耗尽，已经无法再次实施机动拦截，故进攻弹头沿轨控推力所形成的机动加速度 a_M 方向持续机动 $t_{I s}$ 时间后，将产生 $p_2 p_B = \dfrac{a_M \cdot t_{I s}^2}{2}$ 的机动距离，显然，只要 $p_2 p_B \geqslant 10\mathrm{m}$ 就能够实现成功突防。

在 $\Delta T_{\max}$ 时间段内，EKV 机动距离为

$$AA' = p_2 p_A = \frac{1}{2} a_I \cdot \Delta T_{\max}^2$$

在 $t_{I s}$ 时间段内，EKV 机动距离为

$$p_1 p_A = a_I \cdot \Delta T_{\max} \cdot t_{I s}$$

在 $\Delta T_{\max} + t_{I s}$ 时间段内，EKV 的机动距离为

$$p_2 p_A + p_1 p_A$$

第6章 二次机动规避弹道优化及落点精度控制

在 $\Delta T_{\max}+t_{Is}$ 时间段内，EKV 沿原来的速度方向行进的距离为

$$p_1 I = (\Delta T_{\max}+t_{Is}) \cdot V_I$$

t_{Is} 与 $R_{\text{miss\_1}}$ 的关系如下：

$$a_I \cdot \Delta T_{\max} \cdot t_{Is} = R_{\text{miss\_1}} - \frac{1}{2} a_I \cdot \Delta T_{\max}^2$$

显然，零控脱靶量 $R_{\text{miss\_1}}$ 越大，产生剩余飞行时间 t_{Is} 就越大；t_{Is} 越大，进攻弹头所能产生的脱靶量就越大。

2. 进攻弹头再次机动的策略分析

在零控脱靶量 $R_{\text{miss\_1}}$ 大于 EKV 最大机动距离的情况下，由于 EKV 仅靠末制导段的机动是无法完全消除 $R_{\text{miss\_1}}$ 的，要消除剩下的零控脱靶量偏差，只能靠 EKV 末制导结束后的剩余飞行时间来解决，这就为进攻弹头成功突防提供了一个时间窗口。因此，进攻弹头机动规避突防的策略利用 EKV 在 t_{I_c} 时间段内处于无控滑行状态进行第二次机动变轨，使机动产生的脱靶量大于 10m。同时，通过机动修正上一次机动产生的落点偏差。

根据所建模型分析"二次机动"突防方案的可行性。首先对 EKV 的拦截技术参数说明如下：EKV 固体轨控发动机最大可持续工作时间约为 7s，最大机动过载约为 $4g$。

图 6.3 所示为剩余飞行时间 t_{I_c}、进攻弹头加速度大小与脱靶量计算图。

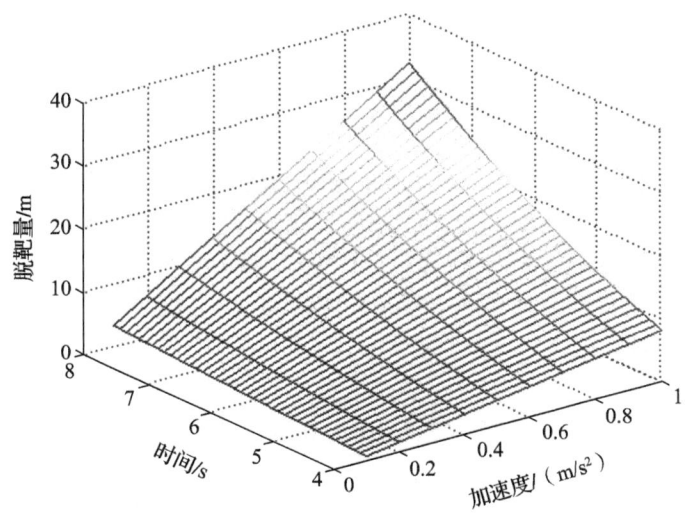

图 6.3 剩余飞行时间、进攻弹头加速度大小与脱靶量计算图

由图 6.3 可知，如果进攻弹头轨控发动机产生的最大加速度为 0.2 m/s²，

剩余飞行时间为10s，将产生10m的脱靶量。而当进攻弹头轨控发动机产生的最大机动加速度为1.0 m/s²，剩余飞行时间为5s，将产生12.5m的脱靶量。

再分析一下要达到10m脱靶量时，剩余飞行时间 t_{I_c} 与进攻弹头轨控发动机加速度大小的关系。

由于成功突防所需的脱靶量为 $\frac{1}{2}a_M \cdot t_{I_c}^2 > 10$，因此，只要 $t_{I_c} > \sqrt{20/a_M}$ 即可。图6.4是剩余飞行时间 t_{I_c} 与进攻弹头加速度大小的关系图。

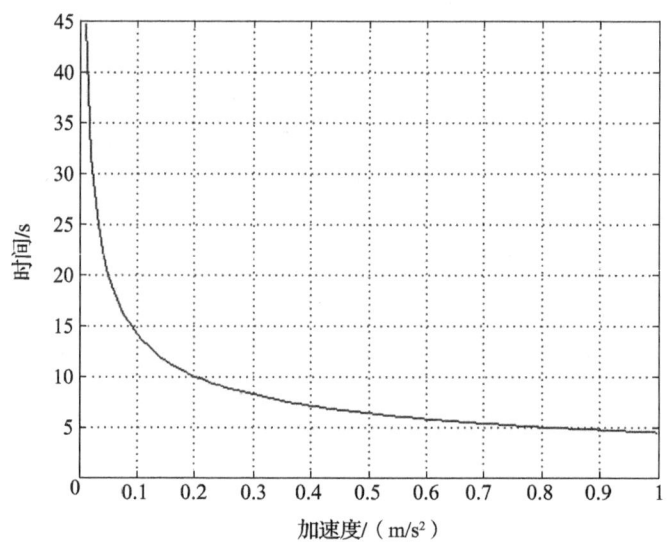

图6.4 剩余飞行时间与进攻弹头加速度大小关系图

由图6.4可知，当加速度为0.1 m/s²时，要在14.14s的剩余飞行时间内持续机动才能产生10m脱靶量。当机动加速度为1.0 m/s²时，只需4.47s的剩余飞行供进攻弹头持续机动就能达到10m脱靶量。如果EKV的拦截最大过载按4g、最大持续机动时间按7s算，分别产生14.14s和4.47s剩余飞行的零控脱靶量分别需要达到4840.416m和2186.968m。由第5章的研究可知，这是能够实现的。

最后，再来看EKV机动拦截前存在的较大零控脱靶量对于EKV拦截时机的影响。

考虑到EKV采取逆向碰撞方式拦截，EKV与远程机动弹头的相对速度约在14km/s，因此，在零控脱靶量为零的情况下，EKV会在距离目标约98km处开始末制导。如果进攻弹头最大机动加速度分别为0.2 m/s²和1.0 m/s²，在EKV自由段持续机动了46.7s和5.24s，在EKV自由段结束后，将分别产生 3704.416m 和 2186.968m 的零控脱靶量,那么将分别产生 10s 和 4.47s 的剩余飞行时间,EKV 轨控发动机必须在距离目标 238km 和 160.6km 处开始末制导。

可见,二次机动突防的确能够有效影响 EKV 轨控发动机的开机时间,能够实现消耗 EKV 有限固体燃料后再进行机动突防的目的。

6.1.2 第一次机动规避所产生的落点偏差分析

前面的分析指出,进攻弹头在实施变轨机动的同时,必然会产生落点偏差。但是,这种机动造成的落点偏差量到底有多大,还没有分析。下面,以第 5 章仿真结果为例,分析机动对落点射程偏差和横向偏差会有多大的影响。

由第 2 章的分析可知,冲量机动造成的总落点偏差为

$$\Delta D_{mc} = R \cdot \delta V_m \cdot \sqrt{\cos^2\sigma_p \cdot (k_1\cos\theta_p + k_2\sin\theta_p)^2 + \sin^2\sigma_p \cdot k_3^2} \quad (6.1)$$

$$\begin{cases} k_1 = \dfrac{\partial \beta_{mc}}{\partial V_m} = \dfrac{4 \cdot R}{V_m} \dfrac{(1+\tan^2\Theta_m)\sin^2\dfrac{\beta_{mc}}{2}\tan\dfrac{\beta_{mc}}{2}}{v_m\left(r_m - R + R \cdot \tan\Theta_m \tan\dfrac{\beta_{mc}}{2}\right)} \\ k_2 = \dfrac{\partial \beta_{mc}}{\partial \Theta_m}\dfrac{1}{V_m} = \dfrac{2 \cdot r_e}{V_m} \dfrac{(1+\tan^2\Theta_m)\left(v_m - 2\tan\dfrac{\beta_{mc}}{2}\tan\beta_{mc}\right)\sin^2\dfrac{\beta_{mc}}{2}}{v_m\left(r_m - r_e + r_e \cdot \tan\Theta_m \tan\dfrac{\beta_{mc}}{2}\right)} \\ k_3 = \dfrac{\sin\beta_{mc}}{v_0 \cdot \cos\Theta_m} \end{cases} \quad (6.2)$$

式中:v_m 为点 m 处的能量参数,即

$$v_m = \dfrac{V_m^2}{\dfrac{\mu}{r_m}} \quad (6.3)$$

式中:$\mu = fM$ 为地心引力常数,$\mu = 3.986005 \times 10^{14} \text{m}^3/\text{s}^2$。

当 $\delta V_m = 4.995 \text{m/s}$、$\sigma_p = -0.0315°$、$\theta_p = 0.4869°$ 时产生 3195.29m 的零控脱靶量,会相应带来 -21021.24m 的纵向落点偏差和 36.63m 的横向落点偏差。

可见,机动对落点射程偏差和横向偏差的影响已经远远超过了落点偏差可允许的范围,必须对机动后的落点偏差进行修正。

6.1.3 二次机动的弹道参数优化设计的总体思路

进攻弹头通过前后两次机动规避来实现规避突防,其弹道设计的总体思路如下。

根据进攻弹头发动机性能,第一次机动产生能够确保第二次机动成功突防所需的零控脱靶量,第二次机动则是通过设计轨控发动机推力方向和机动持续时间等参数来修正第一次机动规避的落点偏差,其方法是用本次机动所产生的落点偏差来修正前一次机动的落点偏差。

用图 6.5 所示的进攻弹头机动引起的落点偏差示意图来说明其思路。

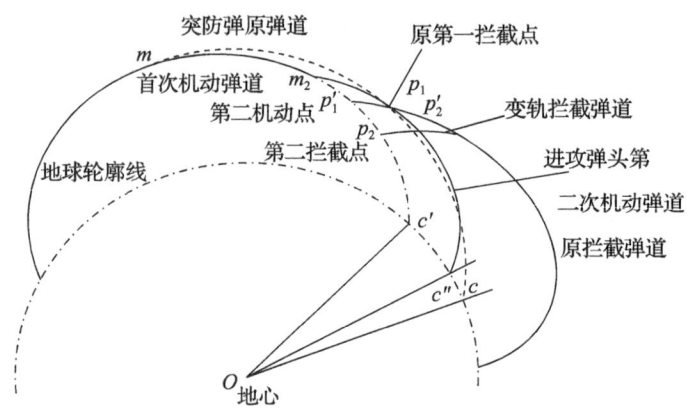

图 6.5 进攻弹头机动引起的落点偏差示意图

图 6.5 中,c 点是进攻弹头不机动时的落点(不考虑进攻弹头的再入机动),拦截系统选择 p_1 点作为第一拦截点。m 点为进攻弹头的第一次机动点,令 m 点的地心矢径为 r_m,进攻弹头首次机动后产生的零控脱靶量为 $p_1 p_1'$,机动后的落点为 c',c' 与原落点 c 之间的纵向落点偏差为 ΔL_{mc},横向偏差为 ΔH_{mc}。EKV 在末制导段选择进攻弹头机动后新弹道上的 p_2 点作为第二个拦截点。进攻弹头在 EKV 末制导结束后于 m_2 点处实施新的机动变轨,令 m_2 点处的地心矢径为 r_{m_2},进攻弹头第二次机动后产生的脱靶量为 $p_2 p_2'$,机动后的落点为 c'',c'' 与 c' 之间的纵向落点偏差为 $\Delta L_{m_2 c'}$,横向偏差为 $\Delta H_{m_2 c'}$。

进行机动规避参数优化选择时,在第 5 章所建优化模型的基础上,再增加一个落点精度的约束条件就可以了。为此,只要 c'' 与原弹道落点 c 之间的落点偏差能够控制在可容许的落点偏差阈值 $\Delta \Gamma$ 内就能满足突防规避参数设计对落点精度的要求。由于直接计算 c'' 与 c 点之间的落点偏差很困难,因此,考虑采用对第一次机动产生的落点偏差进行修正的办法来控制落点精度。

故 $\Delta L_{m_2c'}$ 与 $\Delta H_{m_2c'}$ 的产生必须满足如下约束条件：

$$(\Delta L_{m_2c'} - \Delta L_{mc})^2 + (\Delta H_{m_2c'} - \Delta H_{mc})^2 \leq \Delta \Gamma \tag{6.4}$$

首先推导以机动方向、推力施加时刻及持续时间为决策变量的落点偏差计算模型。

6.2 机动引起落点偏差的计算模型

6.2.1 机动引起落点偏差的描述

本书第 2 章已经分析了机动冲量对落点偏差的影响，但那是基于瞬时冲量假设下进行的。考虑到进攻弹头在实际突防过程中，由于发动机推力大小有限，机动变轨很难在很短时间内完成，因此，脉冲推力的冲量变轨假设将不再成立，需要对基于瞬时冲量假设下得出的落点偏差计算公式重新建模。

1. 问题的分析

新型远程弹道导弹在进行突防方案设计时，进攻弹头在再入段还将进行变轨机动，但为便于分析进攻弹头机动对落点的影响，本书没有考虑进攻弹头的再入机动，而是将再入段看作自由段弹道的延续。由于再入段在整个被动段射程中的比例甚小，故这种分析方法是较为合理的，因此，可应用椭圆弹道理论计算落点偏差。

根据弹道导弹弹道学落点偏差计算的相关方法，本书在分析机动规避对于落点偏差的影响时，将弹头在自由段再入点的偏差划分为射击（弹道）平面内的纵向偏差和垂直于射击平面内的横向偏差分别予以考虑。做如下假设来推导进攻弹头在点 m 处实施机动对纵向和横向落点偏差的计算式。

（1）定义 EKV 中制导结束时刻为突防对抗开始时刻，EKV 的零控脱靶量最终将为零，同时令零控脱靶量发生时刻为 t_{end}（即拦截时刻），此时的拦截点为 p_1。

（2）突防对抗初始时刻进攻弹头的初始信息为 V_{M0}（速度）、θ_{M0}（弹道倾角）、σ_{M0}（弹道偏角）、x_{M0}、y_{M0}、z_{M0}（发射坐标系下位置）、Θ_0（当地弹道倾角）。此外，令发射点的地心纬度为 φ_s，地心经度为 λ_s，则其运动状态用式（6.5）、式（6.6）描述。

$$\begin{cases} V_M(t) = V_{M0} - \int_0^t g\left(\dfrac{x_M}{r_M}\cos\theta_M + \dfrac{R+y_M}{r_M}\sin\theta_M\right)\mathrm{d}t \\[6pt] \theta_M(t) = \theta_{M0} + \int_0^t 2\omega\cos B_M \sin A_M + \dfrac{g\left(\dfrac{x_M}{r_M}\sin\theta_M - \dfrac{R+y_M}{r_M}\cos\theta_M\right)}{V_M}\mathrm{d}t \\[6pt] \sigma_M(t) = \sigma_{M0} + \int_0^t g\cdot\sigma_M\cdot\sin\theta_M \dfrac{R+y_M}{r_M\cdot V_M} \\[6pt] \qquad\qquad + 2(\omega\cos B_M\cos A_M\sin\theta_M - \omega\sin B_M\cos\theta_M)\mathrm{d}t \end{cases} \quad (6.5)$$

$$\begin{cases} x_M(t) = x_{M0} + \int_0^t V_M(t)\cdot\cos\theta_M(t)\mathrm{d}t \\[4pt] y_M(t) = y_{M0} + \int_0^t V_M(t)\cdot\sin\theta_M(t)\mathrm{d}t \\[4pt] z_M(t) = z_{M0} - \int_0^t V_M(t)\cdot\sigma_M(t)\mathrm{d}t \end{cases} \quad (6.6)$$

任一点的当地弹道倾角为

$$\Theta = \sin^{-1}\dfrac{V_x(x_0+x)+V_y(y_0+y)+V_z(z_0+z)}{rV} \quad (6.7)$$

式中：x_0、y_0、z_0 为发射点的地心矢径在发射系的投影。

$$\begin{cases} x_0 = R\cos\varphi_s\cos\lambda_s \\ y_0 = R\cos\varphi_s\sin\lambda_s \\ z_0 = R\sin\varphi_s \end{cases} \quad (6.8)$$

(3) 进攻弹头在 EKV 中制导结束后经过 t_0 时刻开始实施机动，发动机持续工作时间为 t_1，此后到本次突防拦截对抗结束，发动机将不再点火。且令突防发动机推力为 P_M，突防发动机推力方向与射击平面的夹角为 σ_{pm}，推力在射击平面内的投影与 OX 轴的夹角为 θ_{pm}。

(4) 令机动产生的速度增量矢量为 $\delta\boldsymbol{v}_m$，将速度增量在射击平面和射击平面内的横向平面进行分解：$\delta\boldsymbol{v}_m$ 与射击平面的夹角为 σ_{vm}，$\delta\boldsymbol{v}_m$ 在射击平面内的投影与速度方向的夹角为 θ_{vm}。

显然，$\delta\boldsymbol{v}_m$、σ_{vm}、θ_{vm} 和 t_0、t_1 是决定机动规避方案的主要参数，因此，建立的落点偏差的计算模型必须包含这些参数。

由于 $\delta\boldsymbol{v}_m$ 与 t_1 之间存在如下关系：

$$\delta\boldsymbol{v}_m = \dfrac{P_M\cdot t_1}{m_M} \quad (6.9)$$

同时，通过对不同的 t_0 进行积分，可以得到进攻弹头在不同时刻机动的状态信息。不同 t_0 对应的速度与当地大地倾角值是不一样的，故在对机动规避方案进行优化设计时，需要优化的参数只有 3 个，在此，选择 δv_m、σ_{vm}、θ_{vm} 作为待优化参数。

2. 机动引起落点偏差问题的描述

以机动点 m 为坐标原点建立半速度坐标系（又称为弹道坐标系），其中，x 轴指向进攻弹头速度方向，y 轴在弹道平面内垂直于 x 轴、z 轴构成右手坐标系。再定义进攻弹头机动点 m 到地心 o 的地心距为 r_m，机动点处进攻弹头的弹道倾角为 Θ_m，进攻弹头机动点 m 到落点 c 的角距 β_{mc} 为 m 点的剩余射程角。机动后进攻弹头的速度矢量的弹道偏角为 $\Delta \sigma_m$，机动点 m 到再入点 e 的横向偏差对应的地心角为 ζ_{me}。图 6.6 描述了进攻弹头在 m 点开始机动时速度增量在弹道坐标系下各角度的关系。

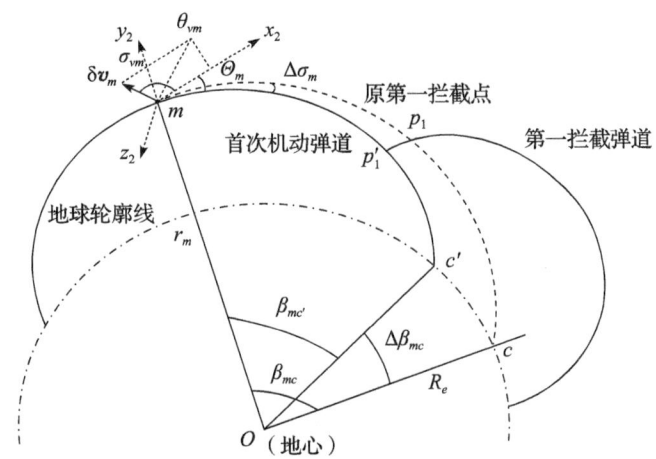

图 6.6 进攻弹头速度增量在弹道坐标系下的分解示意图

6.2.2 机动规避引起纵向偏差的计算模型

根据第 2 章中的公式推导可知，在 m 点处实施机动对落点产生的射程偏差 ΔL_{mc} 为

$$\Delta L_{mc} = R \cdot \Delta \beta_{mc} \tag{6.10}$$

式中：R 为地球平均半径，$R = 6371000 \mathrm{m}$。

$\Delta \beta_{mc}$ 为相对于 m 点的剩余射程角偏差：

$$\Delta \beta_{mc} = \frac{\partial \beta_{mc}}{\partial V_m} \Delta V_m + \frac{\partial \beta_{mc}}{\partial r_m} \Delta r_m + \frac{\partial \beta_{mc}}{\partial \Theta_m} \Delta \Theta_m \tag{6.11}$$

ΔV_m、Δr_m、$\Delta \Theta_m$ 为机动冲量施加时刻进攻弹头状态变化量，$\dfrac{\partial \beta_{mc}}{\partial V_m}$、$\dfrac{\partial \beta_{mc}}{\partial \Theta_m}$、$\dfrac{\partial \beta_{mc}}{\partial r_m}$ 为其偏导数，其公式为[8]

$$\frac{\partial \beta_{mc}}{\partial V_m} = \frac{4 \cdot R}{V_m} \frac{(1+\tan^2 \Theta_m)\sin^2 \dfrac{\beta_{mc}}{2} \tan \dfrac{\beta_{mc}}{2}}{v_m \left(r_m - R + R \cdot \tan \Theta_m \tan \dfrac{\beta_{mc}}{2} \right)} \quad (6.12)$$

$$\frac{\partial \beta_{mc}}{\partial \Theta_m} = \frac{2 \cdot R \cdot (1+\tan^2 \Theta_m)(v_m - 2\tan \dfrac{\beta_{mc}}{2} \tan \Theta_m)\sin^2 \dfrac{\beta_{mc}}{2}}{v_m \left(r_m - R + R \cdot \tan \Theta_m \tan \dfrac{\beta_{mc}}{2} \right)} \quad (6.13)$$

$$\frac{\partial \beta_{mc}}{\partial r_m} = \frac{v_m + \dfrac{2R}{r_m}(1+\tan^2 \Theta_m)\sin^2 \dfrac{\beta_{mc}}{2}}{v_m \left(r_m - R + R \cdot \tan \Theta_m \tan \dfrac{\beta_{mc}}{2} \right)} \tan \dfrac{\beta_{mc}}{2} \quad (6.14)$$

再根据式（3.36）和式（3.38），得

$$\Delta V_m = \delta V_m \cdot \cos \sigma_{vm} \cdot \cos \theta_{vm} \quad (6.15)$$

$$\Delta \Theta_m \approx \frac{\delta V_m \cdot \cos \sigma_{vm} \cdot \sin \theta_{vm}}{V_m} \quad (6.16)$$

式中：v_m 为点 m 处的能量参数；μ 为地心引力常数。

下面推导 Δr_m。

由第 3 章的分析可知，当突防发动机以推力为 P_M，持续机动时间 t_1 后，可产生的机动距离为

$$\Delta d_M = \frac{P_M \cdot t_1^2}{2m_M} \quad (6.17)$$

则在弹道坐标系下的投影为

$$\begin{cases} x_{2d} = \Delta d_M \cos \theta_{vm} \cos \sigma_{vm} \\ y_{2d} = \Delta d_M \sin \theta_{vm} \\ z_{2d} = \Delta d_M \cos \theta_{vm} \sin \sigma_{vm} \end{cases} \quad (6.18)$$

则机动后，m 点新的地心矢径按下式计算：

$$r'_m = \sqrt{(x_{2d}+x_m)^2 + (y_{2d}+y_m+R)^2 + (z_{2d}+z_m)^2} \quad (6.19)$$

故有：

$$\Delta r_m = r'_m - r_m$$
$$= \sqrt{(x_{2d}+x_m)^2+(y_{2d}+y_m+R)^2+(z_{2d}+z_m)^2} - \sqrt{x_m^2+(y_m+R)^2+z_m^2} \qquad (6.20)$$

6.2.3 机动规避引起横向偏差的计算模型

再构建进攻弹头在 m 点实施机动对落点横向偏差的计算模型。

由弹道学相关理论可知，导弹落点的横向偏差系因矢量 r_m、V_m 或二者共同偏离射击平面所产生。令机动所产生的落点横向偏差为 ΔH_{mc}，则 ΔH_{mc} 可用下式计算：

$$\Delta H_{mc} = R \cdot \zeta_{mc} \qquad (6.21)$$

落点横向偏差所对应的地心角 ζ_{mc} 可用下式估算[8]：

$$\zeta_{mc} = \frac{\partial \zeta_{mc}}{\partial \Delta \sigma_m} \cdot \Delta \sigma_m + \frac{\partial \zeta_{mc}}{\partial \zeta_m} \cdot \zeta_m \qquad (6.22)$$

$$\Delta \sigma_m \approx \tan \Delta \sigma_m = \frac{\delta V_{mz}}{V_m \cdot \cos \Theta_m} = \frac{-\delta V_m \cdot \cos \theta_{mv} \cdot \sin \sigma_{mv}}{V_m \cdot \cos \Theta_m} \qquad (6.23)$$

$$\frac{\partial \zeta_{mc}}{\partial \Delta \sigma_m} = \sin \beta_{mc} \qquad (6.24)$$

$$\zeta_m = \frac{\Delta z_m}{r_m} = \frac{z_{2d}}{\sqrt{x_m^2+(y_m+R)^2+z_m^2}} \qquad (6.25)$$

$$\frac{\partial \zeta_{mc}}{\partial \zeta_m} = \cos \beta_{mc} - \tan \Theta_m \sin \beta_{mc} \qquad (6.26)$$

$$\Delta H_{mc} = R \cdot \left[\begin{array}{l} \sin \beta_{mc} \cdot \dfrac{-\delta V_m \cdot \cos \theta_{mv} \cdot \sin \sigma_{mv}}{V_m \cdot \cos \Theta_m} \\ + (\cos \beta_{mc} - \tan \Theta_m \sin \beta_{mc}) \cdot \dfrac{\dfrac{P_M}{2m_M} t_1^2 \cos \theta_{vm} \sin \sigma_{vm}}{\sqrt{x_m^2+(y_m+R)^2+z_m^2}} \end{array} \right] \qquad (6.27)$$

6.2.4 第二次机动规避产生落点偏差的计算

令进攻弹头在 m_2 点处再次进行机动规避，则其机动对落点产生的纵向和横向偏差的计算式可参照上述过程获得。在进行计算时，需要获得再次机动点 m_2 处的弹道参数信息，包括 β_{m_2c}、V_{m_2}、θ_{m_2} 及 m_2 点在发射系下的位置 x_{m_2}、

y_{m_2}、z_{m_2}。对此,可以建立进攻弹头的弹道模型,通过积分得出 m_2 点处的上述弹道参数。

令进攻弹头在 m 点处开始机动(由第 5 章分析知,此点应为 EKV 助推火箭发动机关机时刻),m 点进攻弹头在发射系下的速度为 (V_{mx}, V_{my}, V_{mz}),弹道倾角为 θ_{M0},弹道偏角为 σ_{M0},在发射坐标系下的位置为 x_{M0}、y_{M0}、z_{M0}。再令运动到 m_2 处的时间为 t_2,得到其运动学方程:

$$\begin{cases} \omega_x = \omega \cdot \cos B_T \cos A_T \\ \omega_y = \omega \cdot \sin B_T \\ \omega_z = -\omega \cdot \cos B_T \sin A_T \end{cases} \quad (6.28)$$

式中:B_T、A_T 分别为发射点天文纬度和天文瞄准方位角。

柯氏惯性力引起的加速度在发射系下的投影为

$$\begin{cases} \dot{V}_{cx} = 2\omega_z V_y - 2\omega_y V_z \\ \dot{V}_{cy} = -2\omega_z V_x + 2\omega_x V_z \\ \dot{V}_{cz} = 2\omega_y V_x - 2\omega_x V_y \end{cases} \quad (6.29)$$

牵连惯性力引起的加速度在发射系下的投影为

$$\begin{cases} \dot{V}_{ex} = (\omega^2 - \omega_x^2) \cdot (R_{ox} + x) - \omega_x \omega_y \cdot (R_{oy} + y) - \omega_x \omega_z \cdot (R_{oz} + z) \\ \dot{V}_{ey} = -\omega_x \omega_y \cdot (R_{ox} + x) + (\omega^2 - \omega_y^2) \cdot (R_{oy} + y) - \omega_y \omega_z \cdot (R_{oz} + z) \\ \dot{V}_{ez} = -\omega_x \omega_z \cdot (R_{ox} + x) - \omega_y \omega_z \cdot (R_{oy} + y) + (\omega^2 - \omega_z^2) \cdot (R_{oz} + z) \end{cases} \quad (6.30)$$

$$\begin{cases} V_x(t) = V_{mx} + \int_0^{t_1} \left(a_M \cos\theta_{Pm} \cos\sigma_{pm} - g\dfrac{x}{r} + \dot{V}_{cx} + \dot{V}_{ex} \right) dt \\ V_y(t) = V_{my} + \int_0^{t_1} \left(a_M \sin\theta_{Pm} - g\dfrac{y + \tilde{R}}{r} + \dot{V}_{cy} + \dot{V}_{ey} \right) dt \\ V_z(t) = V_{mz} + \int_0^{t_1} \left(-a_M \cos\theta_{Pm} \sin\sigma_{pm} - g\dfrac{z}{r} + \dot{V}_{cx} + \dot{V}_{ex} \right) dt \end{cases} \quad (6.31)$$

式 (6.30)、式 (6.31) 中:$g = \dfrac{fM}{r^2}$,$fM = 3.986005 \times 10^{14} \mathrm{m}^3/\mathrm{s}^2$;$\omega = 7.292115 \times 10^{-5}/\mathrm{s}$。

令发射系的天文经度为 λ_T,发射点的地心大地坐标为 (x_0, y_0, z_0),则发射点的地心矢径 R_o 在发射系下的坐标为 (R_{ox}, R_{oy}, R_{oz})。有

第6章 二次机动规避弹道优化及落点精度控制

$$\begin{bmatrix} R_{ox} \\ R_{oy} \\ R_{oz} \end{bmatrix} = \begin{bmatrix} d_{11} & d_{12} & d_{13} \\ d_{21} & d_{22} & d_{23} \\ d_{31} & d_{32} & d_{33} \end{bmatrix} \begin{bmatrix} x_0 \\ y_0 \\ z_0 \end{bmatrix} \qquad (6.32)$$

其中

$$\begin{cases} d_{11} = -\sin\lambda_T \sin A_T - \sin B_T \cos A_T \cos\lambda_T \\ d_{12} = \cos\lambda_T \cos B_T \\ d_{13} = -\sin\lambda_T \cos A_T + \cos\lambda_T \sin B_T \sin A_T \\ d_{21} = \sin A_T \cos\lambda_T - \sin\lambda_T \sin B_T \cos A_T \\ d_{22} = \sin\lambda_T \cos B_T \\ d_{23} = \cos\lambda_T \cos A_T + \sin\lambda_T \sin B_T \sin A_T \\ d_{31} = \cos B_T \cos A_T \\ d_{32} = \sin B_T \\ d_{33} = -\sin A_T \cos B_T \end{cases}$$

$$\begin{cases} x_M(t) = x_{M0} + \int_0^{t_1} V_x(t) \mathrm{d}t \\ y_M(t) = y_{M0} + \int_0^{t_1} V_y(t) \mathrm{d}t \\ z_M(t) = z_{M0} + \int_0^{t_1} V_z(t) \mathrm{d}t \end{cases} \qquad (6.33)$$

$$\begin{cases} V_x(t) = V_x(t_1) - \int_{t_1}^{t_2} g \dfrac{x}{r} \mathrm{d}t \\ V_y(t) = V_y(t_1) - \int_{t_1}^{t_2} g \dfrac{y+\widetilde{R}}{r} \mathrm{d}t \\ V_z(t) = V_z(t_1) - \int_{t_1}^{t_2} g \dfrac{z}{r} \mathrm{d}t \end{cases} \qquad (6.34)$$

$$\begin{cases} x_M(t) = x_{M0} + \int_{t_1}^{t_2} V_x(t) \mathrm{d}t \\ y_M(t) = y_{M0} + \int_{t_1}^{t_2} V_y(t) \mathrm{d}t \\ z_M(t) = z_{M0} + \int_{t_1}^{t_2} V_z(t) \mathrm{d}t \end{cases} \qquad (6.35)$$

$t_2 = t_{end} - t_1 - T_{I\_c} - t_{I\_s}$,地心矢径 r、弹道倾角 Θ 和航程角 β 的计算式见第5章。

6.3 进攻弹头再次机动时脱靶量的计算模型

进攻弹头在 EKV 末制导结束后,再次机动产生的脱靶量可以分两种情况建模:一是由于进攻弹头轨控发动机推力较小,不得不在整个剩余飞行时间 t_{I_c} 内持续机动;二是进攻弹头轨控发动机推力很大,推力作用时间较短,不必在整个剩余飞行时间 t_{I_c} 内持续机动,可以按瞬时冲量假设构建脱靶量的计算模型。

6.3.1 小推力情况下进攻弹头脱靶量计算模型

由前面的分析可知,飞行器机动产生的位置偏差的大小与推力施加的方向无关,仅与推力施加的持续时间 ΔT 有关,约为 $\dfrac{-P \cdot (\Delta T)^2}{2m}$。

令进攻弹头推力持续时间为 t_{M_c},机动加速度为 a_M,则产生的位置偏差量即为

$$D_{\text{miss}} = \frac{1}{2} a_M \cdot t_{M\_c}^2 + a_M \cdot t_{M\_c} \cdot t_{M\_s}, t_{M\_c} \leqslant t_{I\_c} \tag{6.36}$$

式中:t_{M_s} 为进攻弹头轨控发动机关机后的剩余飞行时间,其计算式为 $t_{M\_s} = t_{I\_c} - t_{M\_c}$。

6.3.2 大推力情况下进攻弹头脱靶量计算模型

1. 计算思路

基于 6.2 节中的假设获得大推力情况下,再次机动时零控脱靶量的简易计算模型。

用图 6.7 所示的进攻弹头再次机动产生的零控脱靶量示意图来说明其思路。

如图 6.8 所示,将在 m_2 点处进行第二次机动引起的零控脱靶量记为 $p_2 p_2'$,以第二个预测拦截点为原点,将 $p_2 p_2'$ 分解到发射坐标轴上,在 x、y、z 轴上的分量分别记为 $x_{p_2 p_2'}$、$y_{p_2 p_2'}$、$z_{p_2 p_2'}$。显然,$x_{p_2 p_2'}$ 对应于 p_2 点的纵向误差,$z_{p_2 p_2'}$ 对应于 p_2 点的横向误差。

2. 脱靶量计算模型

$$\begin{cases} x_{p_2 p_2'} = r_{p_2} \cdot \Delta \beta_{m_2 p_2} \\ z_{p_2 p_2'} = r_{p_2} \cdot \zeta_{m_2 p_2} \end{cases} \tag{6.37}$$

第 6 章 二次机动规避弹道优化及落点精度控制

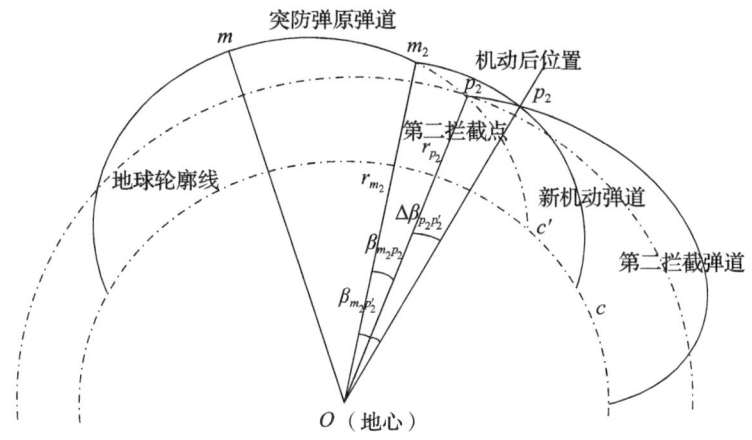

图 6.7 进攻弹头再次机动产生的零控脱靶量示意图

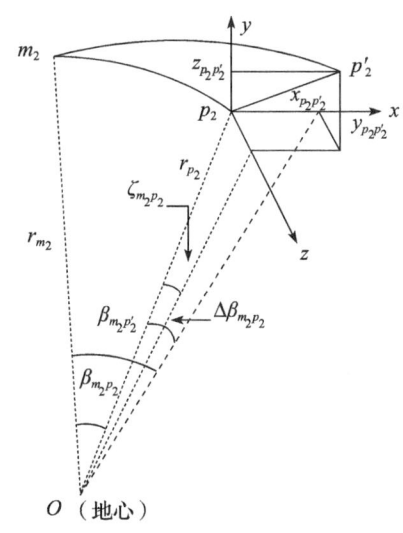

图 6.8 进攻弹头在 x 方向第二次机动示意图

式中：$\zeta_{m_2p_2}$ 为 p_2p_2' 的横向分量所对应的地心角；$\Delta\beta_{m_2p_2}$ 和 $\zeta_{m_2p_2}$ 的计算方法可分别用式（6.11）和式（6.22）进行计算。

关键是 $y_{p_2p_2'}$ 的计算式需要进行推导。

机动对 $\hat{Y}$ 方向零控脱靶量的影响主要由两方面组成：一是机动期间 $\hat{Y}$ 方向的推力分量所产生的 $\hat{Y}$ 方向位移变化量；二是 $\hat{Y}$ 方向速度改变所引起的后续 $\hat{Y}$ 方向偏差量。由第 3 章的分析可知，$\hat{Y}$ 方向因机动引起的位置变化量及

129

速度变化量仅与推力方向和推力持续时间有关，而与推力施加时刻无关。令进攻弹头经过 t_1 时刻的持续机动后 $\hat{Y}$ 方向位置变化量为 Δy_{t_1}、机动后该方向速度的变化为 $\Delta V_{y(t_1)}$，则当剩余飞行时间为 t_{g0} 时，机动引起的 $\hat{Y}$ 方向的脱靶分量为

$$y_{p_2 p_2'} = \Delta y_{t_1} + \Delta V_{y(t_1)} \cdot t_{g0} \tag{6.38}$$

如果突防发动机推力为 P_M、方向与射击平面的夹角为 σ_{pm_2}、推力在射击平面内的投影与 ox 轴的夹角为 θ_{pm_2}，可以进一步推导出 $y_{p_2 p_2'}$ 的表达式：

$$y_{p_2 p_2'} = \Delta y_{t_1} + \delta v_m = \frac{P_M}{2m_M} t_1^2 \cdot \sin\theta_{pm_2} + \frac{P_M \cdot t_1}{m_M} \cdot \sin\theta_{pm_2} \cdot t_{g0} \tag{6.39}$$

式中：$t_{g0} = t_{end} - t_0 - t_1$，$t_{end}$ 的具体计算方法见第 5 章。

机动后产生的零控脱靶量的计算公式为

$$R_{\text{miss}} = \sqrt{x_{p_2 p_2'}^2 + y_{p_2 p_2'}^2 + z_{p_2 p_2'}^2} \tag{6.40}$$

6.4 再次机动规避参数优化

6.4.1 再次机动规避参数设计的优化模型

根据以上分析可以很容易建立其优化模型：

$$\begin{cases} J = \min \int_0^{t_{M\_c}} |m'| \, dt \\ m'(t) = \begin{cases} 0, \text{其他} \\ -k, 0 \leq t \leq t_{M\_c} \end{cases} \\ \text{s.t.} \begin{cases} D_{\text{miss}} > R_{\text{miss\_1}} \\ (\Delta L_{m_2 c'} - \Delta L_{mc})^2 + (\Delta H_{m_2 c'} - \Delta H_{mc})^2 \leq \Delta \Gamma \\ 0 \leq t_{M\_c} \leq t_{I\_c} \end{cases} \end{cases} \tag{6.41}$$

导弹质量变化方程为

$$m(t) = m_0 - \int_0^t m'(t) \, dt \tag{6.42}$$

式中：m_0 为进攻弹头开始机动时的初始质量；m' 为发动机燃料秒耗量。

6.4.2 算法设计

根据以上优化模型，重新设计遗传算法。

第6章 二次机动规避弹道优化及落点精度控制

按以下三步进行机动规避的参数优化。

第一步，计算第一次机动的最优参数，包括 t_{0i}、t_{1i}、σ_{Pi}、θ_{Pi}。

具体步骤如下。

(1) 根据第5章公式计算本次拦截点及拦截时刻。

(2) 对待优化参数进行编码。由于待优化变量不多，因而采用二进制编码方式。根据零控脱靶量的计算式可知，对 t_{0i} 而言，由于其对于零控脱靶量影响并不严重，而本模型的精度要求并不高，在此选择精度为秒即可。t_{0i} 的取值区间为 $[0, t_{\text{end\_}i}]$，根据第2章的分析可知，EKV从与助推火箭分离到开始末制导，其间约为7min。可知，当二进制串位数取为9时即可满足 t_{0i} 的精度要求。对于 t_{1i}，其精度取为 0.01s 可满足要求，t_{1i} 的取值范围为 $[0, t_{\text{end\_}i}]$，故二进制串位数取为16时，精度为 0.0064s<0.010s，可满足要求。对于 σ_{Pi} 和 θ_{Pi}，其取值范围都为 $[-\pi/2, \pi/2]$，当精度取为 0.01° 时，各需15个二进制串。故共需二进制串位数为55。

(3) 计算进攻弹头开始机动的信息。通过式(6.31)、式(6.35)进行积分，确定进攻弹头经过 t_0 时间后的开始机动的机动点信息，包括 V_{mi}、θ_{mi}、σ_{mi}、x_{mi}、y_{mi}、z_{mi}、r_{mi} 及 Θ_{mi}。

(4) 利用式(6.40)计算零控脱靶量 $R_{\text{miss\_}i}$。

(5) 构建适应度函数并计算适应度。为提高算法寻优的效率，仍然考虑采用惩罚函数方法建立适应度函数。由于本书求解的是最小值问题，因此目标函数值越小，其适应度越好，所以适应度函数取为

$$\text{Fit} = \begin{cases} \int_0^{t_{1i}} m'(t)\,dt + \alpha_i(R_{\text{miss\_}0} - R_{\text{miss\_}i}), & R_{\text{miss\_}i} < R_{\text{miss\_}0} \\ \int_0^{t_{1i}} m'(t)\,dt, & R_{\text{miss\_}i} \geq R_{\text{miss\_}0} \\ \infty, & t_{1\_i} > t_{\text{end\_}t} - t_{0\_i} \end{cases} \tag{6.43}$$

惩罚函数：

$$\alpha_i(R_{\text{miss\_}0} - R_{\text{miss\_}i}) = \sqrt{\frac{2m}{P_M} m'^2 \cdot (R_{\text{miss\_}0} - R_{\text{miss\_}i})} \tag{6.44}$$

(6) 通过反复进行遗传操作，获得本次机动所需燃料消耗量 m_{hi} 及最优参数 t_{0i}、t_{1i}、σ_{Pi}、θ_{Pi}。

第二步，计算第奇数次机动产生的纵向和横向落点偏差 ΔL_i、ΔH_i。

按照式(6.11)和式(6.27)，计算第奇数次机动下最优参数 t_{0i}、t_{1i}、σ_{Pi}、θ_{Pi} 的纵向和横向落点偏差：ΔL_i、ΔH_i。

第三步，以修正奇数次机动产生的纵向和横向落点偏差 ΔL_i、ΔH_i 为约束

条件,设计偶数次机动的最优参数。

具体步骤为:

(1) 计算本次拦截点及拦截时刻。

(2) 对待优化参数进行编码。

(3) 计算进攻弹头开始机动的信息,获取 V_{m_i+1}、θ_{m_i+1}、σ_{m_i+1}、x_{m_i+1}、y_{m_i+1}、z_{m_i+1}、r_{m_i+1} 及 Θ_{m_i+1}。

(4) 利用式(6.40)计算零控脱靶量 R_{miss_i+1}。

(5) 利用式(6.11)和式(6.27)计算落点射程偏差 ΔL_{i+1} 和横向偏差 ΔH_{i+1}。

(6) 利用式(6.45)计算落点偏差修正量 $\Delta \Gamma_i$:

$$(\Delta L_i - \Delta L_{i+1})^2 + (\Delta H_i - \Delta H_{i+1})^2 = \Delta \Gamma_i \tag{6.45}$$

(7) 计算适应度值。提高算法寻优效率的角度考虑,如果能够采用惩罚函数方法建立适应度函数当然最好,但是通过考查落点射程偏差和横向偏差的计算式,事实上,很难用一个公式来描述落点射程偏差和横向偏差与燃料消耗量之间的大致关系,即由于推力方向的不同,相同的燃料消耗量有可能使射程增大,也有可能使射程减小。因此,无法采用惩罚函数方法建立落点偏差修正量 $\Delta \Gamma_i$ 与燃料消耗之间量的解析关系,故考虑采用限定搜索空间的方法处理落点偏差修正问题。

$$\text{Fit} = \begin{cases} \int_0^{t_{1i}} m'(t)\,\mathrm{d}t + \alpha_{i+1}(R_{miss\_0} - R_{miss\_i+1}), R_{miss\_i+1} < R_{miss\_0} \\ \int_0^{t_{1i}} m'(t)\,\mathrm{d}t, R_{miss\_i+1} \geq R_{miss\_0} \\ \infty, t_{1\_i+1} > t_{end\_i+1} - t_{0\_i+1} \\ \infty, \Delta \Gamma_i > \Delta \Gamma \end{cases} \tag{6.46}$$

$$\alpha_{i+1}(R_{miss\_0} - R_{miss\_i+1}) = \sqrt{\frac{2m}{P_M} m'^2 \cdot (R_{miss\_0} - R_{miss\_i+1})}$$

式中:$\Delta \Gamma$ 为允许落点偏差量。

(8) 通过反复进行遗传操作,获得本次机动所需燃料消耗量 m_{hi} 及最优参数 t_{0_i+1}、t_{1_i+1}、σ_{P_i+1}、θ_{P_i+1}。

设计的具体求解流程如图6.9所示。

第 6 章 二次机动规避弹道优化及落点精度控制

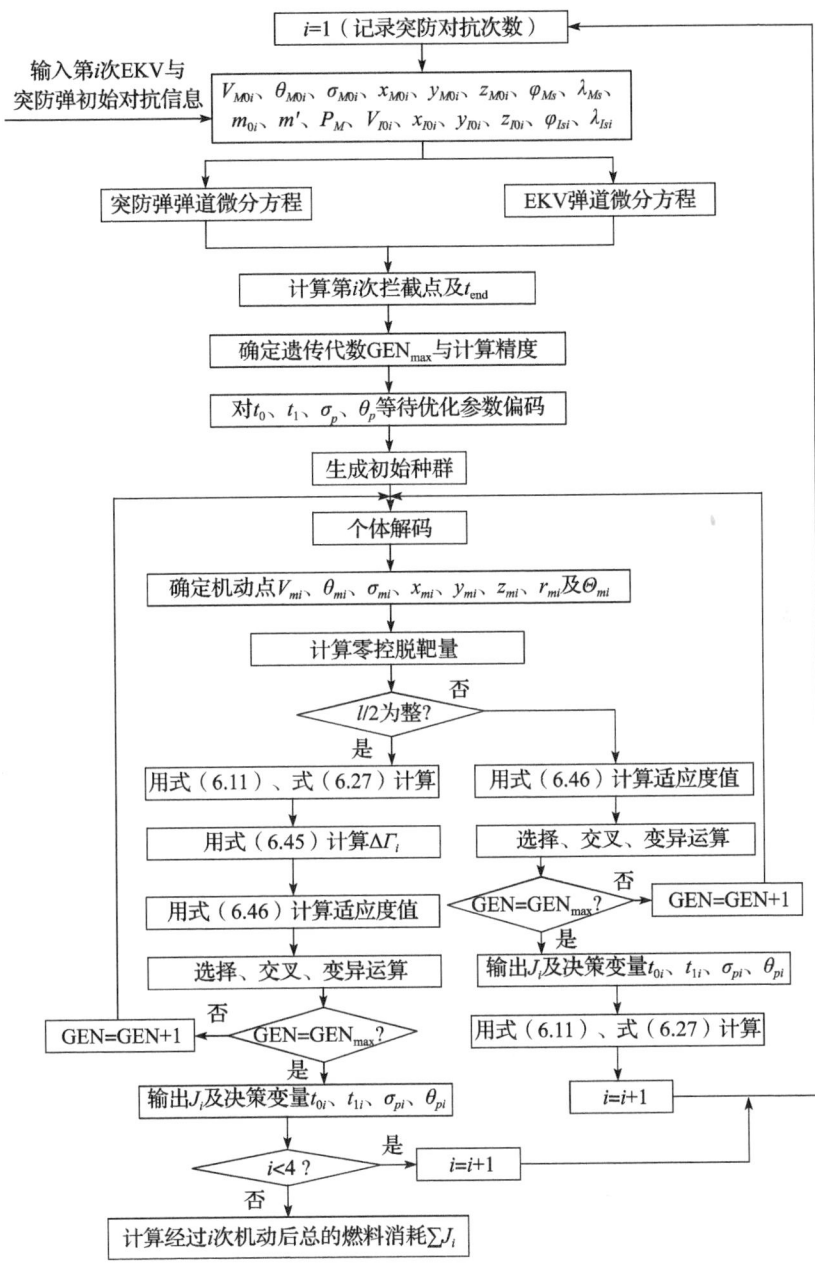

图 6.9 多次机动规避参数求解流程图

6.5 本章小结

为控制进攻弹头多次机动对落点精度的影响,本章通过采用前后两次机动造成的落点偏差相互抵消的方法,有效控制了进攻弹头机动所产生的落点偏差过大的问题。在此基础上选取发动机燃料质量秒耗量、推力作用方向和作用时间为优化参数,以发动机燃料消耗量最小为优化指标,以同时满足零控脱靶量要求和落点偏差修正量要求为约束条件,建立了机动规避参数的优化设计模型。针对多次机动规避参数优化设计具有多约束条件的特点,采用惩罚函数方法建立了基于遗传算法的求解方法,并给出了机动规避决策变量优化设计的具体求解流程。

参考文献

[1] 程国采. 航天飞行器最优控制理论与方法 [M]. 北京:国防工业出版社,1999.
[2] 石德平. 预测拦截导引方法 [J]. 现代防御技术,1993,(1):59-65.
[3] 陆亚东,杨明,王子才. 基于预测零控脱靶量的拦截器中制导段导引 [J]. 航天控制,2005,23(6):17-21.
[4] 姜玉宪. 一种预测拦截末制导方法 [J]. 宇航学报,1989:51-60.
[5] 侯明善. 指向预测命中点的最短时间制导 [J]. 西北工业大学学报,2006,24(6):690-694.
[6] 肖龙旭,王顺宏,魏诗卉. 地地弹道导弹制导技术与命中精度 [M]. 北京:国防工业出版社,2009.
[7] 刘勇,等. 非数值并行算法-遗传算法 [M]. 北京:科学出版社,1997.
[8] 席裕庚,柴天佑. 遗传算法综述 [J]. 控制理论与应用,1996,13(6):12.
[9] Janin G, Gomez Tierno M A. The genetic algorithms for trajectory optimization [R]. Paris:Stockholm International Astronautical Federation Congress,1990.
[10] Yi M, Ding M, Zhou C. 3D route planning using genetic algorithm [C] //International Symposium on Multispectral Image Processing (ISMIP'98). Bellingham, Washington:International Society for Optics and Photonics,1998,3545:92-95.
[11] Zarchan P. Tactical and strategic missile guidance [M]. Reston, VA:American Institute of Aeronautics and Astronautics, Inc.,2012..
[12] 姜玉宪. 具有规避能力的末制导方法 [C]//中国航空学会控制与应用第八届学术年会论文集. 北京:中国航空学会,1998:75-79.
[13] 胡恒章. 航天器控制 [M]. 北京:宇航出版社,1997.

第7章
机动规避仿真与结果分析

本章在前面所建各类模型的基础上,利用 Matlab 语言编程,对进攻弹头机动突防规划与控制进行仿真计算,旨在通过仿真,验证进攻弹头二次机动规避突防方案的可行性,根据仿真计算结果分析进攻弹头轨控发动机控制参数与突防效果和落点偏差控制之间的关系。

7.1 仿真假设及初始参数设定

7.1.1 仿真假设

仿真在本书第 3~6 章部分假设的基础上进行,主要有:
(1) 将地球考虑成一个旋转圆球体;
(2) 仿真对抗初始时刻为 EKV 与助推火箭分离时刻;
(3) 进攻弹头与 EKV 在突防对抗阶段的运动学与动力学方程见第 5 章;
(4) 进攻弹头按二次机动策略进行规避突防;
(5) EKV 按基于预测拦截方式进行拦截,具体的拦截策略分析见第 6 章。

7.1.2 仿真初始参数设定

1. 进攻弹头突防初始参数

为便于仿真,本书构建了一条射程约 7400km 的弹道进行仿真对抗。假设突防导弹在头体分离后,其速度与位置的参数设定见表 7.1。

EKV 与助推火箭分离时刻即为对抗开始时刻。此时,进攻弹头飞行了 441.093s,离地高度 h_m = 541563.8m,进攻弹头在该点的速度与位置参数见表 7.1。

表 7.1 进攻弹头初始运动参数

发射坐标系		速度/(m·s^{-1})	位置/m
关机点	x	$V_{kx}=6320$	$x_k=727051$
	y	$V_{ky}=1293$	$y_k=223535$
	z	$V_{kz}=136$	$z_k=11342.2$
首次机动点	x	$V_{mx}=6060$	$x_m=1769555.7$
	y	$V_{my}=-224$	$y_m=311097.4$
	z	$V_z=227$	$z_m=42252.7$

2. EKV 拦截仿真起算数据

进攻弹头在头体分离后不久，部署于目标点附近的导弹拦截系统的 GBI 拦截弹开始准备起飞拦截（这里假设其地心大地直角坐标系参量为：南纬-18.26°，东经 71.75°）。在进攻弹头飞行至 441.093s 时，GBI 的 EKV 与助推火箭分离，EKV 开始进行无控滑行。如果进攻弹头的无控滑行弹道不发生改变，EKV 在沿零控拦截流形弹道飞行 479.03s 后，将对进攻弹头实施准确拦截。

3. 进攻弹头和 EKV 初始运动状态

令第一次拦截交会点为 $p1$，则根据 EKV 拦截时间，可计算出 $p1$ 点处进攻弹头发射坐标系/地心大地直角坐标系下的速度与位置参数，及 EKV 的位置参数，其结果见表 7.2。

表 7.2 第一次拦截交会点处进攻弹头与 EKV 运动参数

进攻弹头与 EKV 在 $p1$ 点运动参数在不同坐标系下的描述		速度/(m·s^{-1})	位置/m
$p1$ 点处进攻弹头速度与位置在进攻弹头发射坐标系下的数据	x	4325.38	4312137.76
	y	-3831.61	-697184.25
	z	301.75	180518.21
$p1$ 点处进攻弹头速度与位置在地心大地直角坐标系下的数据	x_s	3465.48	460626.07
	y_s	-209.67	7081347.11
	z_s	-4629.01	679482.26
$p1$ 点处 EKV 速度与位置在地心大地直角坐标系下的数据	x_s	待确定	460626.07
	y_s	待确定	7081347.11
	z_s	待确定	679482.26

经计算知，拦截高度为 757769.13m。由于本节中给定的远程导弹射程约为 7200km，最大飞行高度不超过 800km，因此，EKV 选择在离地约 758km 处拦截符合本书第 2 章中 GBI 拦截作战特点。此时，进攻弹头刚好从弹道最高点处开始下降，弹道较为平直，很利于 EKV 实施逆轨拦截作战。

7.2 突防拦截过程仿真

7.2.1 进攻弹头初始无控弹道

根据表 7.1 内进攻弹头初始参数，按第 5 章所建进攻弹头大气层外飞行时动力学和运动学模型进行编程，可获得进攻弹头在大气层外的初始无控飞行弹道。图 7.1~图 7.3 是进攻弹头在发射坐标系 x、y、z 三个方向上速度分量与飞行时间的关系图。

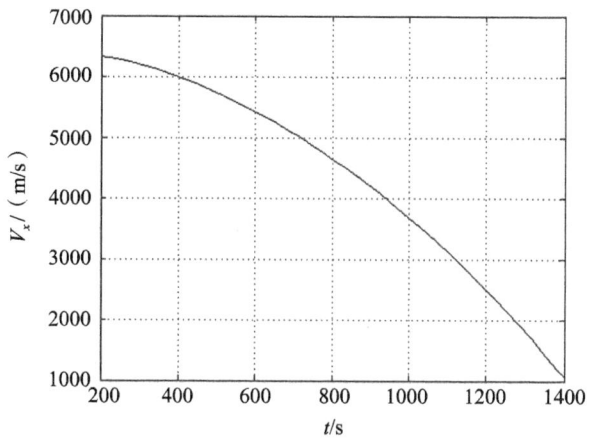

图 7.1　进攻弹头 V_x 的初始变化图

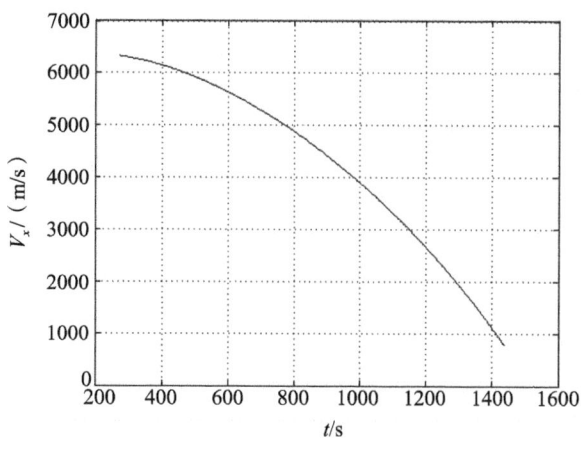

图 7.2　进攻弹头 V_y 的初始变化图

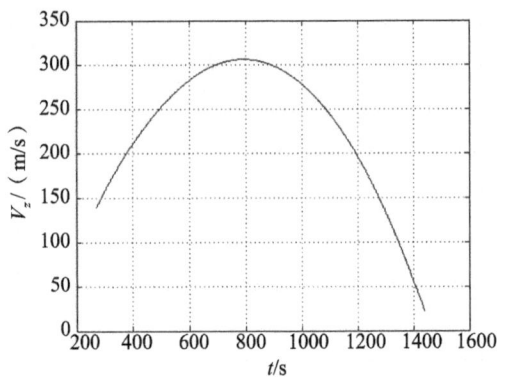

图 7.3 进攻弹头 V_z 初始变化图

图 7.4~图 7.6 是进攻弹头在发射坐标系 x、y 方向坐标及高程与飞行时间关系图。

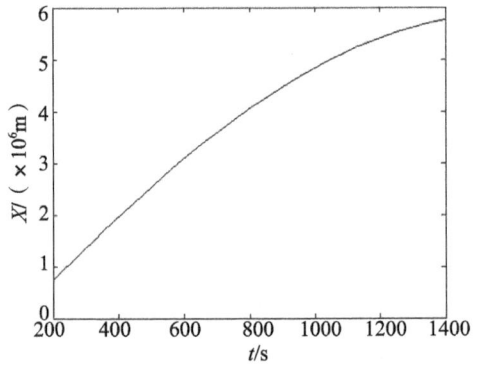

图 7.4 进攻弹头 x 方向位置变化图

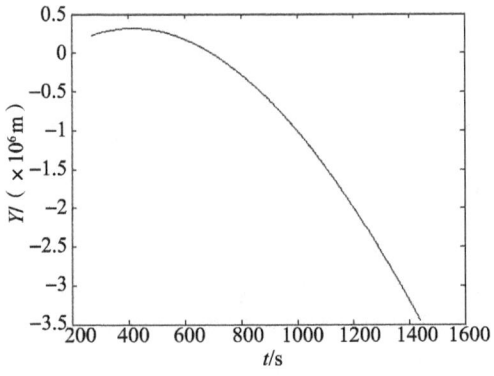

图 7.5 进攻弹头 y 方向位置变化图

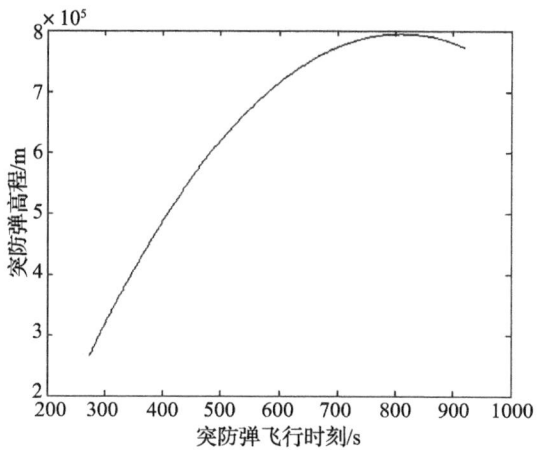

图 7.6　进攻弹头高程与时间的关系图

图 7.7 是进攻弹头在关机后无控飞行至 1400s 时的弹道图。

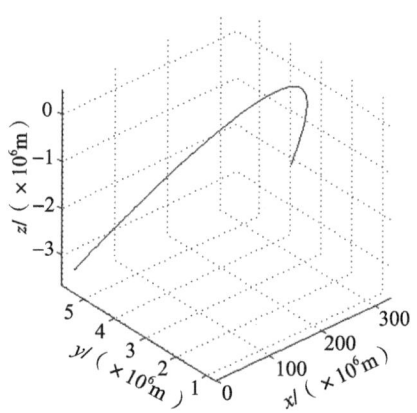

图 7.7　进攻弹头初始无控滑行弹道图

7.2.2　EKV 初始拦截弹道仿真

由于 GBI 的弹道数据是严格保密的，本书无法获得其主动段的飞行数据，因此，EKV 与助推火箭分离点处的准确数据无法直接通过计算得到。而出于突防/拦截仿真对抗的需要，又需要获得 EKV 的仿真弹道。为解决此问题，拟采用工程反设计方法进行拦截器初始拦截弹道的设计。

1. EKV 初始拦截弹道工程反设计方法

所谓 EKV 的初始拦截弹道是指 EKV 与助推火箭分离后，在重力场下开始无控飞行的零控弹道。由椭圆弹道理论知,GBI 关机点处(令为 i)的速度参数 v_{xEi}、v_{yEi}、v_{zEi} 和位置信息 (x_{Ei}, y_{Ei}, z_{Ei})一旦确定,EKV 在大气层外无控飞行段的弹道也就确定了。由于助推火箭与 EKV 分离后,基本将 EKV 送入了零控拦截流形弹道[2],故可以假设 EKV 的零控脱靶量为零。因此,研究确定 EKV 与助推火箭分离后的初始拦截弹道,实质上是要在满足零控脱靶量为零等基本要求的前提下,确定 EKV 与助推火箭分离时刻的速度(3 个分量)与坐标(3 个分量)6 个参数的值。

由于确定 EKV 的初始拦截弹道,实质上要在满足零控脱靶量为零等基本要求的前提下,选择 EKV 在 GBI 关机点处的速度(3 个分量)与坐标(3 个分量)6 个参数的值。考虑到 EKV 在 GBI 关机点处的参数可以通过对拦截点进行弹道反向积分而获得,因此,将在 GBI 关机点处搜索满足要求的速度与坐标 6 个参数值,改为在拦截点处搜索满足要求的参数值。由于拦截点处位置上的 3 个分量是已经确定的(一般选择在进攻弹头的降弧段进行拦截,详细拦截窗口的分析见本书第 2 章),因此,只要再确定拦截点处速度上的 3 个分量,就能确定出满足一定约束条件的 EKV 初始拦截弹道。

EKV 初始拦截弹道工程反设计的具体思路:在预先选定的拦截点处,随机选择 3 个速度分量,开始对 EKV 零控弹道进行反向积分,获得 GBI 关机点的 6 个弹道参数,判断 EKV 在关机点处能否能够满足 GBI 拦截作战的主要约束条件要求。如果满足各方面约束条件,那么,可以判断 EKV 在拦截点处所选择的 6 个弹道参数是合理的;否则,就必须对拦截点处各个速度方向上的 3 个弹道参数进行重新选择,并进行反向积分,再次判断关机点处 EKV 是否满足上述约束条件,直到搜索到满意的拦截点处 EKV 的速度分量的 3 个弹道参数。

下面通过对 GBI/EKV 拦截作战的分析,推导 GBI 关机点处的位置、速度选择应该服从的主要约束条件。

对相关变量先说明如下:令 EKV 与助推火箭分离时刻为突防仿真对抗的起始时刻,记为 t_1,该时刻 EKV 在该地心大地直角标系下的位置记为 (x_{EG}, y_{EG}, z_{EG}),速度记为 (v_{xEG}, v_{yEG}, v_{zEG}),这 6 个参数就是进行 EKV 拦截弹道反设计需要推导的结果。

1) GBI 关机点处速度约束条件分析

GBI 关机点处速度选择的约束条件主要有如下 2 个。

(1) 应保证在 EKV 零控飞行过程中,EKV 与进攻弹头基本处于进攻弹头的射击平面内。这是因为当 GBI 助推火箭在与 EKV 分离后,EKV 已经被送入零控拦截流形弹道飞行,此时,EKV 应基本处于进攻弹头的射击平面内。故（v_{xEG}，v_{yEG}，v_{zEG}）选择的第一约束条件是，应能保证在经反向积分后获得的 GBI 关机点处速度与进攻弹头此时的速度基本保持在进攻弹头的射击平面内。

（2）GBI 关机点速度应不小于 7km/s。

2）GBI 关机点处位置约束条件分析

GBI 关机点处位置选择的约束条件主要有如下 3 个。

（1）EKV 与进攻弹头在拦截时刻在同一位置。这主要是 EKV 在与助推火箭分离后，即被送入了无控拦截流形弹道，能实现对进攻弹头的点对点拦截。故（x_{EG}，y_{EG}，z_{EG}）选择的第一约束条件是，从（x_{EG}，y_{EG}，z_{EG}）开始自由飞行的 EKV 经过数分钟的自由飞行后，应能在拦截时刻与进攻弹头的位置重合。

（2）GBI 关机时刻距离进攻弹头应大于 5000km。GBI 关机点后，EKV 一般有 7~8min 的自由飞行时间，由于 EKV 速度达到 7km/s，而进攻弹头的速度亦达到了数千米每秒，故相对速度为 13~15km/s，如果按自由飞行时间为 7min 计算，GBI 关机点处与进攻弹头的相对距离约为 5000km。

（3）GBI 关机点的高程应大于 100km。

3）EKV 零控脱靶量的约束

零控脱靶量是指 EKV 与进攻弹头双方都没施加动力的情况（即双方都只受重力场的作用），双方飞行器所出现的最近距离。

按照 EKV 拦截作战的流程可知，如果进攻弹头不机动，则零控脱靶量接近于 0。因此，解决 EKV 零控脱靶量接近于 0 的方法是，从某个预测的拦截点处开始，至 EKV 与助推火箭分离（即 GBI 关机）时刻为止，对 EKV 的自由飞行弹道进行反向积分，就可获得 GBI 关机点处 EKV 的初始弹道的 6 个参数。EKV 按该方法确定的拦截弹道一定能满足零控脱靶量接近于 0 的要求。

2. EKV 的质心运动学模型

由于在进行 EKV 初始拦截弹道设计时，需要对 EKV 自由段弹道进行反向积分，因此，需要建立 EKV 在自由段飞行时的质心运动学模型。考虑到突防与拦截对抗环境处于大气层外（>100km），其大气密度很小，可以忽略气动力及力矩对 EKV/进攻弹头运动的影响，故飞行器在大气层外运动时，所受外力主要有地球引力 G 和柯氏惯性力 F_c。由于轨迹坐标系（又称为弹道坐标系、半速度坐标系）下建立的描述 EKV 运动的微分方程形式简捷，因此，考虑先在 EKV 弹道坐标系下建立描述其质心运动的动力学方程。

令 EKV 与助推火箭分离时刻其相对于发射系下的速度为 V_{Ix0}、V_{Iy0}、V_{Iz0}，弹道倾角为 θ_{I0}，弹道偏角为 σ_{I0}，则其运动状态为

$$\begin{cases} V_I(t) = V_{I0} - \int_0^t g\left(\dfrac{x_I}{r_I}\cos\theta_I + \dfrac{R+y_I}{r_I}\sin\theta_I\right)\mathrm{d}t \\ \theta_I(t) = \theta_{I0} + \int_0^t 2\omega\cos B_I \sin A_I + \dfrac{g\left(\dfrac{x_I}{r_I}\sin\theta_I - \dfrac{R+y_I}{r_I}\cos\theta_I\right)}{V_I}\mathrm{d}t \\ \sigma_I(t) = \sigma_{I0} + \int_0^t g\cdot\sigma_I\cdot\sin\theta\dfrac{R+y_I}{r_I\cdot V_I} \\ \qquad\qquad + 2(\omega\cos B_I\cos A_I\sin\theta_I - \omega\sin B_I\cos\theta_I)\mathrm{d}t \end{cases} \quad (7.1)$$

式中：$g=\dfrac{fM}{r^2}$，$fM=3.986005\times10^{14}\mathrm{m}^3/\mathrm{s}^2$；$\omega=7.292115\times10^{-5}/\mathrm{s}$；$R$ 为平均地球半径，$R=6371\mathrm{km}$，分离点处弹道倾角 θ_{I0} 和弹道偏角 σ_{I0} 与速度 V_{Ix}、V_{Iy}、V_{Iz} 之间的关系式为

$$\begin{cases} \sin\theta_{I0} = \dfrac{V_{Iy0}}{\sqrt{V_{Ix0}^2+V_{Iy0}^2}} \\ \sin\sigma_{I0} = -\dfrac{V_{Iz0}}{V_{I0}} \end{cases} \quad (7.2)$$

$$V_{I0} = \sqrt{V_{Ix0}^2+V_{Iy0}^2+V_{Iz0}^2} \quad (7.3)$$

再将 EKV 弹道坐标系转换成 EKV 发射坐标系，建立描述飞行器在大气层外自由飞行的 6 自由度模型。令 EKV 与助推火箭分离时刻在发射坐标系下的位置为 x_{I0}、y_{I0}、z_{I0}，在发射系下的速度为 V_{Ix}、V_{Iy}、V_{Iz}，则其运动状态用式（7.4）、式（7.5）描述。

$$\begin{bmatrix} V_{Ix} \\ V_{Iy} \\ V_{Iz} \end{bmatrix} = \begin{bmatrix} V_I\cos\theta_I \\ V_I\sin\theta_I \\ -V_I\sigma_I \end{bmatrix} \quad (7.4)$$

$$\begin{cases} x_I(t) = x_{I0} + \int_0^t V_I(t)\cdot\cos\theta_I(t)\mathrm{d}t \\ y_I(t) = y_{I0} + \int_0^t V_I(t)\cdot\sin\theta_I(t)\mathrm{d}t \\ z_I(t) = z_{I0} + \int_0^t V_I(t)\cdot\sigma_I(t)\mathrm{d}t \end{cases} \quad (7.5)$$

最后，为方便计算与进攻弹头之间的脱靶量及拦截交会角，还需要将 EKV 的运动状态转换到地心大地直角坐标系下进行描述。令 EKV 发射系的天文经度为 λ_{TI}，天文纬度为 B_{TI}，天文瞄准方位角为 A_{TI}，发射点的地心大地坐

标为 (x_{0I}, y_{0I}, z_{0I})，则 EKV 发射系下坐标 (x_I, y_I, z_I) 在地心大地直角坐标系下的坐标为 (x_{SI}, y_{SI}, z_{SI})，有

$$\begin{bmatrix} x_{SI} \\ y_{SI} \\ z_{SI} \end{bmatrix} = \begin{bmatrix} d_{11} & d_{12} & d_{13} \\ d_{21} & d_{22} & d_{23} \\ d_{31} & d_{32} & d_{33} \end{bmatrix} \begin{bmatrix} x_I \\ y_I \\ z_I \end{bmatrix} + \begin{bmatrix} x_{0I} \\ y_{0I} \\ z_{0I} \end{bmatrix} \tag{7.6}$$

式中：$d_{11} = -\sin\lambda_{TI}\sin A_{TI} - \sin B_{TI}\cos A_{TI}\cos\lambda_{TI}$；$d_{12} = \cos\lambda_{TI}\cos B_{TI}$；$d_{13} = -\sin\lambda_{TI}\cos A_{TI} + \cos\lambda_{TI}\sin B_{TI}\sin A_{TI}$；$d_{21} = \sin A_{TI}\cos\lambda_{TI} - \sin\lambda_{TI}\sin B_{TI}\cos A_{TI}$；$d_{22} = \sin\lambda_{TI}\cos B_{TI}$；$d_{23} = \cos\lambda_{TI}\cos A_{TI} + \sin\lambda_{TI}\sin B_{TI}\sin A_{TI}$；$d_{31} = \cos B_{TI}\cos A_{TI}$；$d_{32} = \sin B_{TI}$；$d_{33} = -\sin A_{TI}\cos B_{TI}$。

3. EKV 初始拦截弹道优化模型

进行 EKV 初始拦截弹道设计的关键是如何合理确定 EKV 在拦截点处的 3 个速度分量 $(v_{xIp1}, v_{yIp1}, v_{zIp1})$。为此，首先分析 EKV 在拦截点处的速度分量 $(v_{xIp1}, v_{yIp1}, v_{zIp1})$ 设计应满足哪些基本条件。根据前面的分析可知，EKV 拦截目标时，采取逆轨直接碰撞方式拦截，因此，EKV 与进攻弹头拦截时刻的交会角度是很小的。为此，将两者的交会角取为目标函数。交会角的计算公式为

$$\cos\gamma_{MI} = \frac{|v_{xIp1} \cdot v_{xMp1} + v_{yIp1} \cdot v_{yMp1} + v_{zIp1} \cdot v_{zMp1}|}{\sqrt{v_{xIp1}^2 + v_{yIp1}^2 + v_{zIp1}^2} \cdot \sqrt{v_{xMp1}^2 + v_{yMp1}^2 + v_{zMp1}^2}} \tag{7.7}$$

式中：γ_{MI} 为交会角；$(v_{xMp1}, v_{yMp1}, v_{zMp1})$、$(v_{xIp1}, v_{yIp1}, v_{zIp1})$ 分别为进攻弹头和 EKV 在拦截点处（令为 p_1）速度在地心大地直角坐标系下的分量。

最后得到拦截弹道反设计的优化模型。

目标函数为

$$J = \min\gamma_{MI} \tag{7.8}$$

使 J 最小的终端约束条件为

$$\begin{cases} \sqrt{v_{I0}^2 + v_{I0}^2 + v_{I0}^2} \geq 7\text{km/s} \\ \sqrt{x_{I0}^2 + (y_{I0}+R)^2 + z_{I0}^2} - R \geq 100\text{km} \\ \sqrt{(x_{SI0}-x_{SM0})^2 + (y_{SI0}-y_{SM0})^2 + (z_{SI0}-z_{SM0})^2} \geq 5000\text{km} \end{cases} \tag{7.9}$$

式中：$(x_{SI0}, y_{SI0}, z_{SI0})$ 为发射坐标下 EKV 关机点位置 (x_I, y_I, z_I) 在地心大地直角坐标系对应的坐标；$(x_{SM0}, y_{SM0}, z_{SM0})$ 为同一时刻进攻弹头在地心大地直角坐标系下的坐标。

对速度进行反向积分时，将式（7.1）中地球引力 g 和地球自转角度率 ω 置为负值；对位置进行反向积分时，应注意将积分号前取负值。

4. EKV 初始拦截弹道仿真实施

考虑到遗传算法等人工智能决策技术具有不受搜索空间的限制性假设的约束，不必要求所求解的复杂优化问题具有连续性、导数存在和单峰等方面的限制性假设[6-7]，因而，在求解复杂非线性优化问题上具有传统优化方法无法比拟的优点。因此，采用遗传算法进行 EKV 的初始拦截弹道的设计，希望能够提供一种简捷、快速的拦截弹道工程反设计方法。

遗传算法的参数设计为：最大遗传代数取 200 代，变量维数取 3，种群数目取 20，每个变量的编码长度取 15，交叉概率取 0.7，变异概率取 0.1。图 7.8~图 7.12 所示为最终的计算结果。

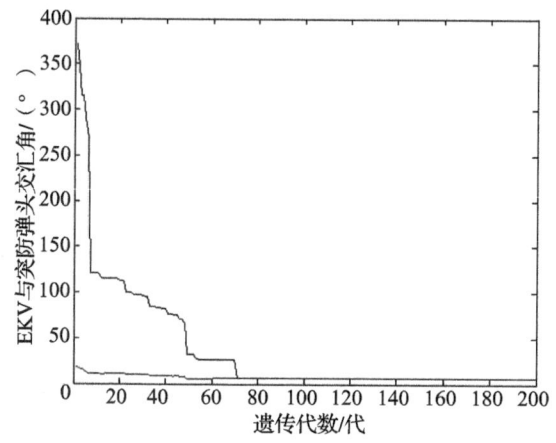

图 7.8　EKV 交会角与遗传代数关系图

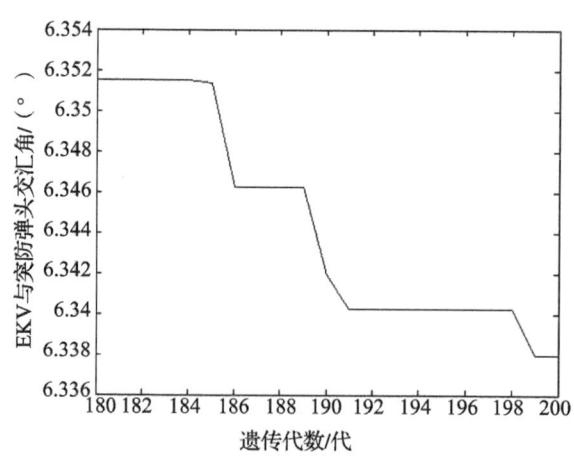

图 7.9　EKV 交会角放大图

从图 7.8 和图 7.9 可以看出，当遗传至第 70 代时，交会角度就已经较好地收敛了。此后，随着遗传代数的增加，EKV 与进攻弹头的交会角尽管仍在收敛，但收敛的幅度极小。实际上，只要交会角的精度控制在 0.1°就足够了，因此取交会角为 6.35°。

EKV 与助推火箭分离时刻高程与遗传代数的关系如图 7.10 所示。

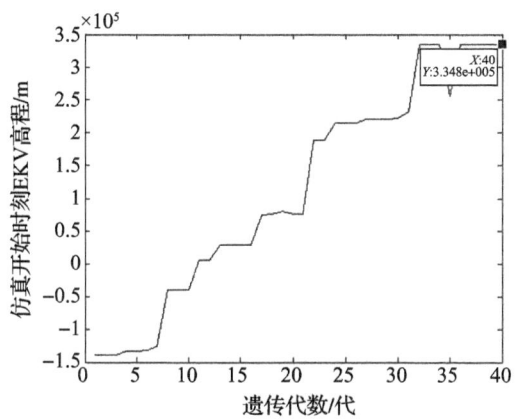

图 7.10　EKV 在仿真开始时刻高程与遗传代数关系图

由图 7.10 可知，仿真开始时刻 EKV 高程收敛性较好，在遗传到第 40 代时就可满足要求。在这里，EKV 与助推火箭分离时刻的飞行高度最终结果计算值为 347343.6m。

仿真开始时刻 EKV 和进攻弹头的相对距离与遗传代数的变化关系如图 7.11 所示。

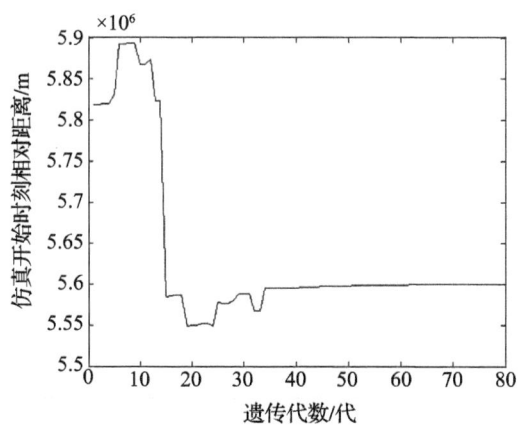

图 7.11　仿真开始时刻 EKV 和进攻弹头相对距离与遗传代数变化图

EKV 在仿真开始时刻与进攻弹头的相对距离最终收敛于 5565737.02m 处，满足仿真对抗的需要。

图 7.12~图 7.14 所示为 EKV 速度在地心大地直角坐标系下三个轴方向上的分量 v_{xEp1}、v_{yEp1}、v_{zEp1} 随遗传代数的变化图。

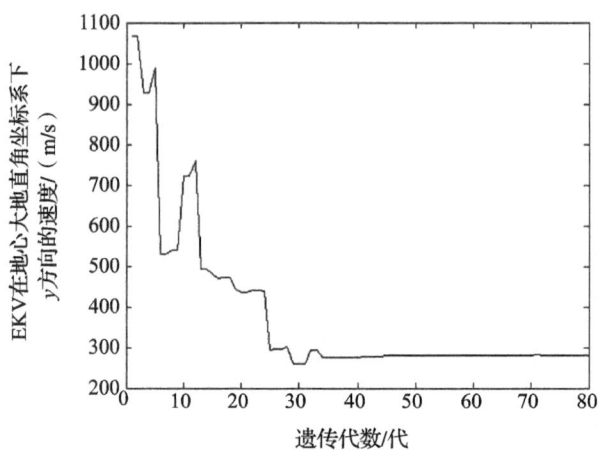

图 7.12　v_{yEp1} 随遗传代数变化图

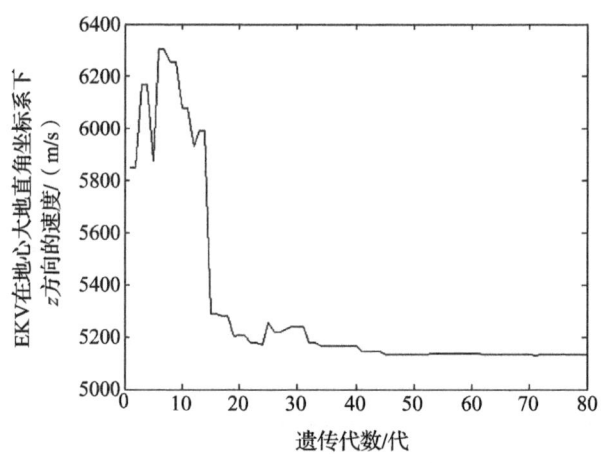

图 7.13　v_{zEp1} 随遗传代数变化图

从图 7.12~图 7.14 可知，EKV 在地心大地直角坐标系下的 v_{xEp1}、v_{yEp1}、v_{zEp1} 在进化至第 80 代时，就已经稳定地收敛了。

综合上述计算结果，将 EKV 零控拦截的初始参数归纳，见表 7.3。

第7章 机动规避仿真与结果分析

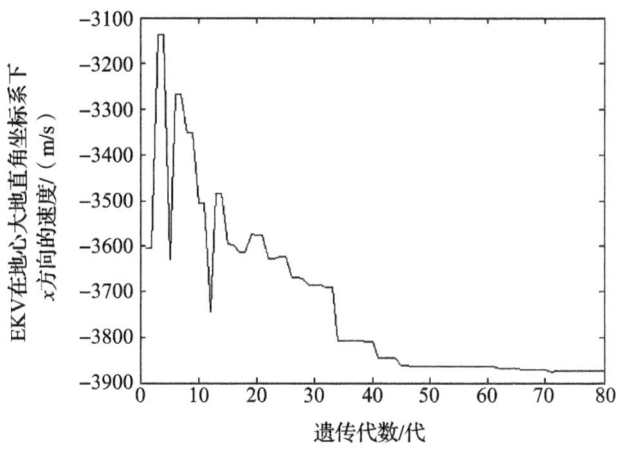

图 7.14 v_{xEp1} 随遗传代数变化图

表 7.3 EKV 零控拦截初始参数

地心大地直角坐标系		速度/(m·s^{-1})	位置/m
关机点	x	−3227.54	2196373.69
	y	3837.98	6101295.53
	z	4796.72	−1756795.31
拦截点	x	−3872.32	460626.07
	y	281.46	7081347.11
	z	5131.85	679482.26

5. EKV 拦截弹道

根据表 7.3 中 EKV 零控拦截初始参数，按第 5 章所建立的 EKV 在大气层外飞行动力学和运动学模型进行编程，可以获得 EKV 的拦截弹道、EKV 和进攻弹头零控滑行状态下视线距随时间的变化关系及飞行高度示意图等，如图 7.15~图 7.17 所示。

经计算知，如果进攻弹头在中段飞行时不进行机动规避，EKV 将以 0.0578m 的脱靶量在离地 757769.16m 的高空成功实施拦截。可见，本书采用遗传算法设计的 EKV 拦截弹道基本上是可信的。

147

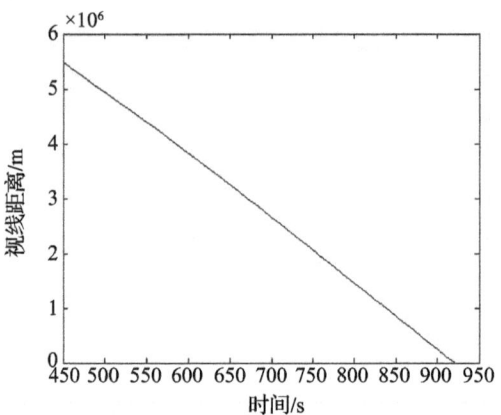

图 7.15　EKV 和进攻弹头视线距与时间关系图

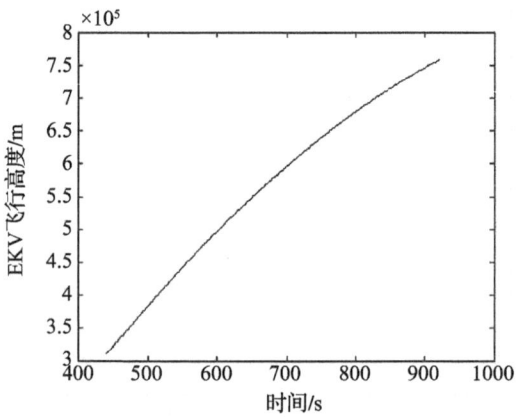

图 7.16　EKV 飞行高度与时间关系图

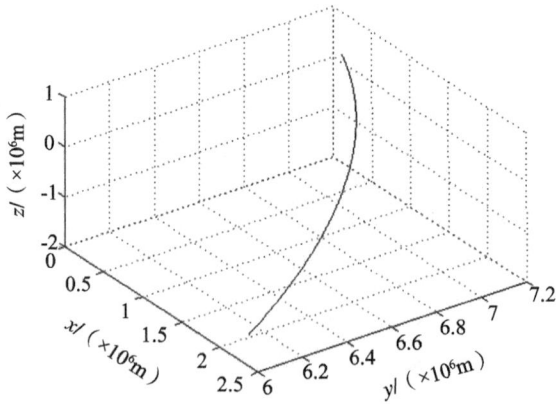

图 7.17　EKV 飞行弹道三维图

7.3 进攻弹头二次机动规避控制仿真

根据第 6 章所阐述的进攻弹头二次机动规避的原理可知，进攻弹头进行机动规避时，需要控制的参数主要是每次机动的持续时间和机动方向（机动方向包含有两个决策参数），共 6 个主要参数。在进行进攻弹头机动规避参数优化设计时，将分两阶段进行。

7.3.1 进攻弹头第一次机动仿真

令进攻弹头的机动加速度为 a_M，EKV 的最大机动加速度为 a_I，EKV 的最大机动时间为 ΔT，成功突防所需要的脱靶量为 $R_{\mathrm{miss\_MI}}$，则进攻弹头第一次机动需要产生的零控脱靶量计算公式为

$$a_I \cdot \Delta T \sqrt{\frac{2R_{\mathrm{miss\_MI}}}{a_M}} + \frac{1}{2} a_I \cdot \Delta T^2 \qquad (7.10)$$

在本节中，进攻弹头的最大机动加速度取为 $0.3\mathrm{m/s}^2$，EKV 最大机动过载取为 $4g$，EKV 的最大机动时间取为 7s。经计算，进攻弹头如果要想实现成功突防，第一次机动所产生的零控脱靶量将不得低于 3200m。采用第 6 章中所建立的基于遗传算法的进攻弹头机动参数最优控制模型编程计算，获得进攻弹头要达到所需零控脱靶量时，第一次机动持续时间、轨控发动机推力与射击平面偏角、轨控发动机推力在射击平面内投影与发射系 X 轴倾角 3 个控制参数的满意解。

首先分析进攻弹头第一次机动持续时间与遗传代数之间的关系，如图 7.18 所示。

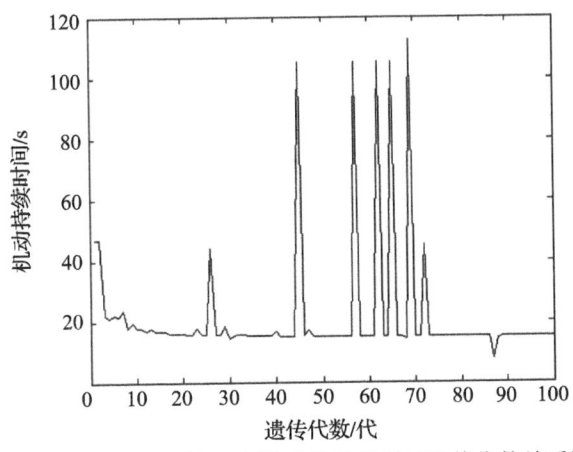

图 7.18 进攻弹头第一次机动持续时间与遗传代数关系图

再分析零控脱靶量与遗传代数的关系，如图 7.19 所示。

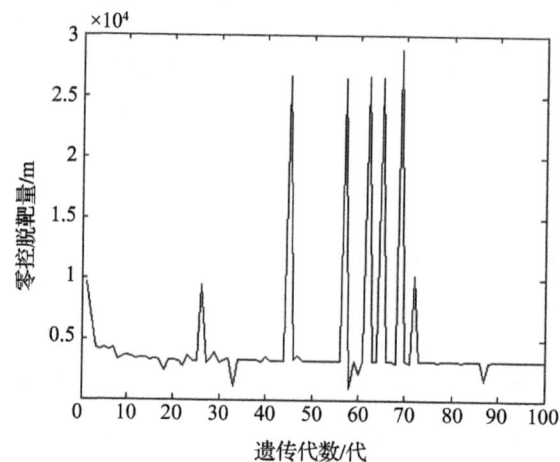

图 7.19　进攻弹头第一次机动产生的零控脱靶量与遗传代数关系图

从图 7.18 和图 7.19 可以看出，当遗传进化至第 100 代时，机动持续时间和因此而产生的零控脱靶量都能实现较好的收敛。计算表明，进攻弹头第一次机动所需要持续时间为 14.65s，产生的零控脱靶量为 3202.98m，符合进攻弹头机动规避的控制要求，这验证了利用遗传算法求解该问题的有效性。

进攻弹头的机动方向的优化结果见图 7.20 和图 7.21。

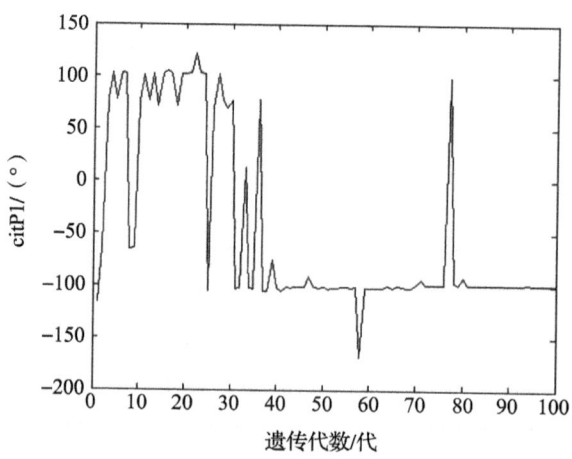

图 7.20　进攻弹头推力在射击平面的投影与 X 轴所成夹角与遗传代数关系图

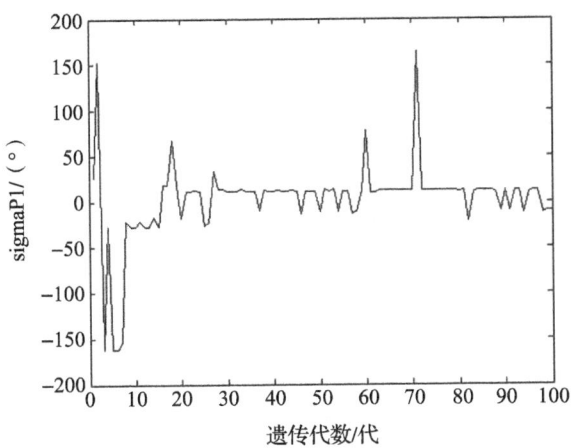

图 7.21　进攻弹头推力方向与射击平面所成夹角与遗传代数关系图

应说明的是,进攻弹头机动方向的最优值并不是唯一的,进攻弹头第一次机动规避的多次优化结果见表 7.4。

表 7.4　进攻弹头第一次机动规避的多次优化结果

机动持续时间 /s	推力偏角 /(°)	推力倾角 /(°)	零控脱靶量 /m	落点纵向偏差 /m	落点横向偏差 /m
14.634	−0.108	85.416	3201.375	−21245.83	6.561
14.634	−0.566	−94.172	3201.224	21382.127	−3.122
14.642	−5.532	84.987	3195.288	−21021.239	36.626
14.634	−1.082	85.416	3201.375	−21245.833	6.561
14.707	2.587	83.142	3215.433	−20573.846	−23.547
14.638	1.697	85.526	3201.651	−21281.263	−10.046

计算表明,进攻弹头推力在射击平面的投影与 x 轴之夹角 θ_{P1} 大概在 $\pm(90\pm10)°$ 之间变动,进攻弹头推力方向与射击平面所成夹角 σ_{P1} 则在 $(-6°\sim 6°)$ 之间变动。这里,$\sigma_{P1}=-2.862°$,$\theta_{P1}=-95.63°$。产生的纵向落点偏差为 20139.67m,横向落点偏差为 10.45m。

7.3.2　EKV 末制导段机动时刻及第二次拦截点的计算

对于 EKV 末制导段机动时机的确定,本书采用第 6 章所论述的 EKV 拦截策略,即,使 EKV 轨控发动机熄火之后,留给进攻弹头第二次机动的时间尽量控制到最少。为此,EKV 需要选择拦截角度并控制轨控发动机的开机时刻。

关于寻的导弹拦截机动目标时拦截角度的确定,有众多的文献曾对此进行过研究,如文献 [6] 提出基于最短拦截时间制导律,文献 [7-8] 研究过拦截高度的确定等。本节结合遗传算法,以满足 EKV 成功拦截所需要的脱靶量为目标函数,搜索 EKV 的拦截角度和开机时刻。

首先观察 EKV 脱靶量与遗传代数的关系。图 7.22 和图 7.23 是 EKV 脱靶量随遗传代数的变化关系图。

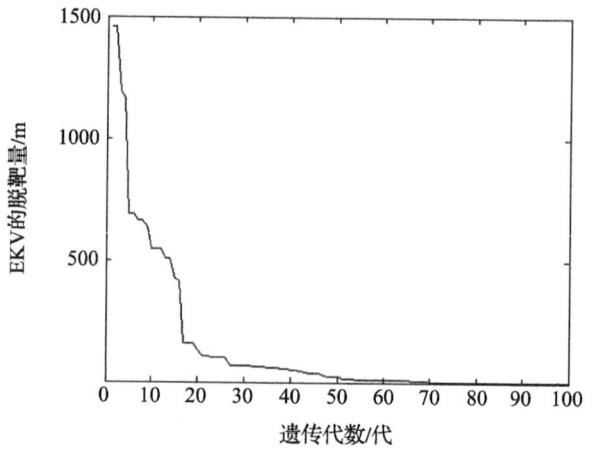

图 7.22 EKV 机动拦截后脱靶量与遗传代数图

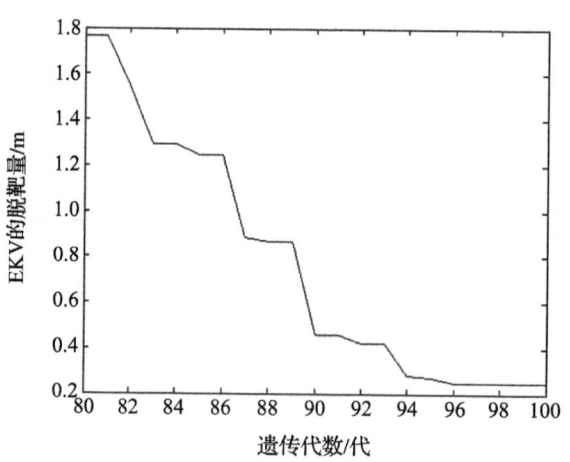

图 7.23 EKV 脱靶量与遗传代数放大图

从图 7.22 和 7.23 可以看出，EKV 脱靶量进化至第 100 代时只可以实现收敛，最终，EKV 的脱靶量可控制在 0.249m 以内，完全能够满足 EKV 拦截作战的要求。

图 7.24 所示为 EKV 末制导开始时刻与遗传代数的关系示意图。

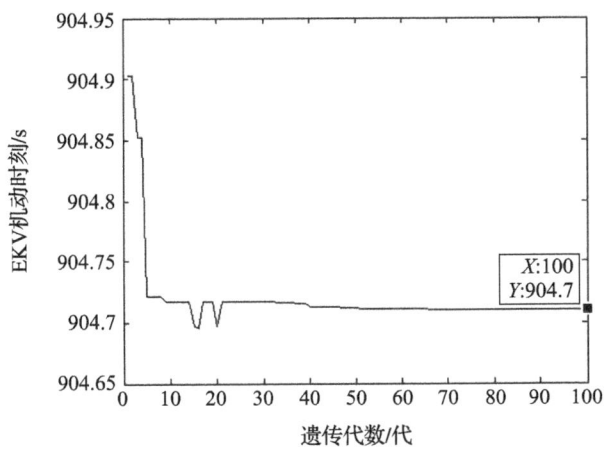

图 7.24　EKV 末制导开始时刻与遗传代数的关系图

从图 7.24 可以看出，EKV 末制导开始时刻（即轨控发动机的开机时刻）进化至第 70 代基本就稳定地收敛了。EKV 末制导开始时刻的精确值为 904.70996s，本书取为 904.71s。

图 7.25 和图 7.26 所示为 EKV 拦截方向的优化结果。

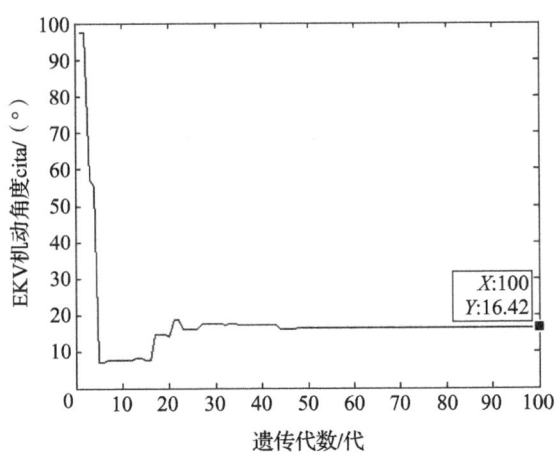

图 7.25　EKV 推力倾角 θ_{PI} 与遗传代数关系图

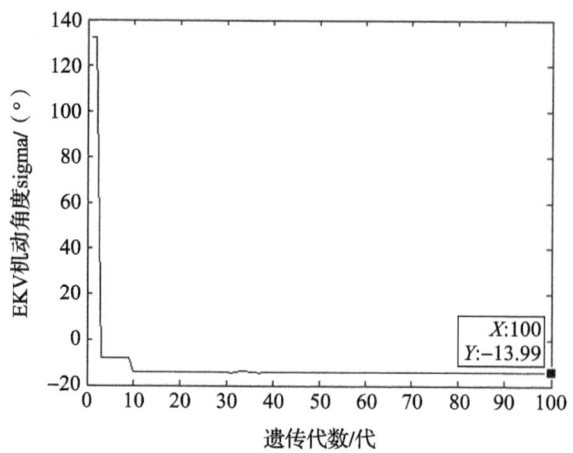

图 7.26　EKV 推力偏角 σ_{PI} 与遗传代数关系图

从图 7.25 和图 7.26 可以看出，EKV 轨控发动机推力在射击平面内（即纵向）和垂直于射击平面内的横向平面内的两个拦截方向上都能稳定地实施收敛。其中，EKV 轨控发动机推力在弹道平面内的倾角（θ_{PI}）最终取值为 16.42°，推力与弹道平面间的偏角（σ_{PI}）最后取值为 $-13.99°$。

在上述仿真结果的基础上，可获得 EKV 末制导后的第二次拦截点位置（大地坐标系）：$x_s=460210.13\text{m}$，$y_s=7079508.87\text{m}$，$z_s=679581.67\text{m}$。该点处大地坐标系下的速度为 $v_{sx}=-4002.04\text{m/s}$，$v_{sy}=469.54\text{m/s}$，$v_{sz}=5288.23\text{m/s}$。

应指出的是，EKV 的最优拦截弹道并不是唯一的，多次优化的结果见表 7.5。

表 7.5　EKV 拦截弹道多次优化结果

EKV 末制导开始时刻/s	θ_{PI}/rad	σ_{PI}/rad	脱靶量/m
904.653	-0.2600	-1.1167	0.257
905.0463	3.0866	-0.3178	0.041
904.653	2.8814	-2.0246	1.008
905.046	3.0866	-0.31793	0.2076
904.653	2.8814	-2.025	0.4605
905.046	-0.0549	-2.824	0.3245
904.654	2.8815	-2.0237	3.2196
905.046	3.0866	-0.3179	0.0496

7.3.3 进攻弹头第二次机动规避控制

进攻弹头第二次机动应充分利用 EKV 末制导结束后的剩余飞行时间，通过控制轨控发动机的持续工作时间，产生达到成功突防要求的脱靶量，并通过选择机动方向修正第一次机动规避的落点偏差。因此，进攻弹头第二次机动需要控制的机动弹道参数主要是 3 个：机动持续时间 t_{jM2}、轨控发动机推力在弹道平面内的投影与进攻弹头发射系 X 轴的倾角（θ_{PM2}）和发动机推力与弹道平面的偏角（σ_{PM2}）。

根据 EKV 第二次拦截点信息，首先确定进攻弹头第二次拦截点处的速度与位置信息。第二次机动前（EKV 末制导结束后）进攻弹头在大地坐标系下 x_s，y_s，z_s 三个方向上的速度分量分别为 3466.34m/s、-212.31m/s 和 -4631.07m/s；位置信息与 EKV 所处大地系下的坐标相同。

根据本书第 6 章所建模型，仍然采用遗传算法控制进攻弹头的最佳机动规避参数。其机动持续时间的优化结果见图 7.27。

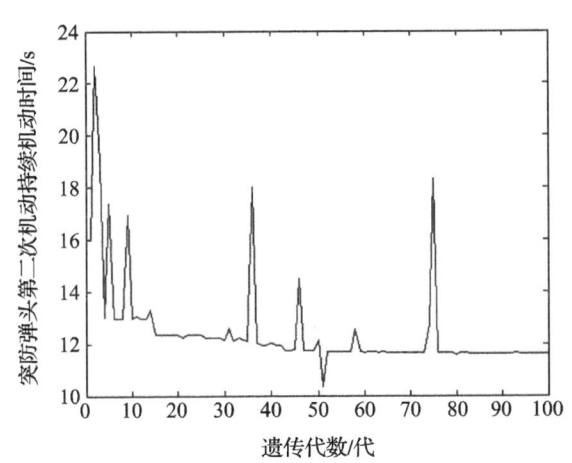

图 7.27 进攻弹头第二次机动持续时间与遗传代数的关系图

进攻弹头轨控发动机推力方向与遗传代数关系见图 7.28 和图 7.29。

进攻弹头第二次机动产生的脱靶量与遗传代数关系如图 7.30 所示。

进攻弹头第二次机动产生的落点横向与纵向偏差如图 7.31 和图 7.32 所示。

进攻弹头前后二次机动的综合落点偏差如图 7.33 所示。

从图 7.27~图 7.33 可以看出，决定进攻弹头第二次机动弹道的 3 个主要控制参数（机动持续时间 t_{jM2}、轨控发动机推力倾角 θ_{PM2} 和推力偏角 σ_{PM2}）在遗传至第 100 代时都能实现较好收敛。两个约束条件：成功突防所需的脱靶量和落点精度要求也都能较好地实现。其中，进攻弹头的机动持续时间为 11.679s、轨控发动机推力的 θ_{PM2} 为 -3.3564°、σ_{PM2} 为 -51.555°、产生的脱靶量为 19.439m、第二次机动的落点纵向为 -19146.19m、落点横向偏差为 78.24m、前后两次机动形成的综合落点偏差为 997.43m、落点偏差控制在原弹着点散布精度的 0.25 范围内，从而证明遗传算法能够有效解决进攻弹头轨控发动机的优化控制问题。

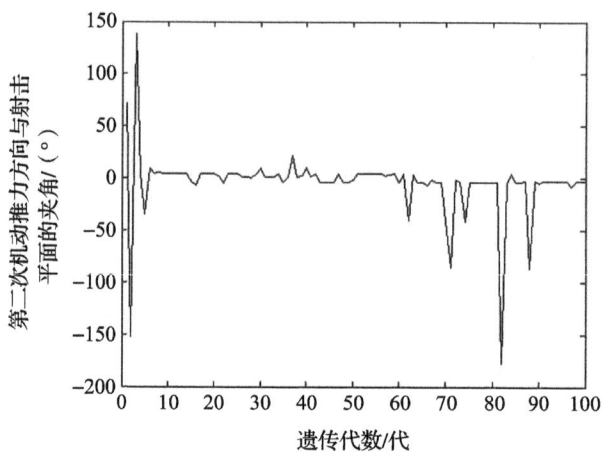

图 7.28　突防发动机再次机动推力与射击平面所在夹角与遗传代数关系图

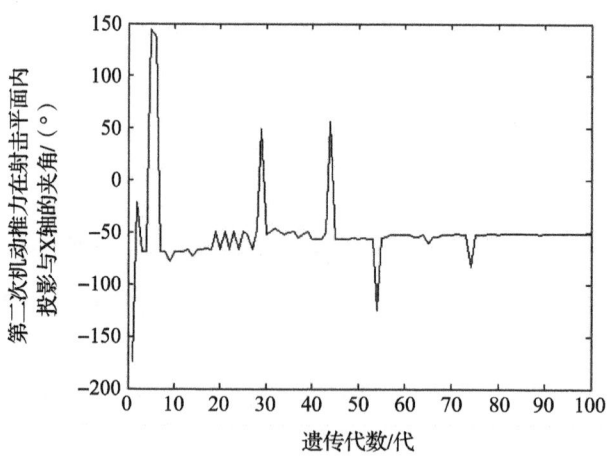

图 7.29　突防发动机再次机动在射击平的投影
与 x 轴夹角随遗传代数变化关系图

第 7 章 机动规避仿真与结果分析

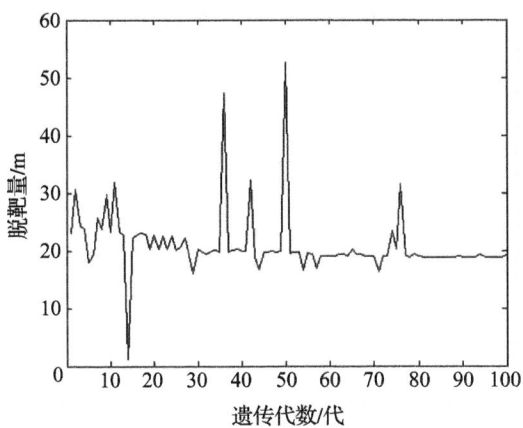

图 7.30 进攻弹头第二次机动产生的脱靶量与遗传代数关系图

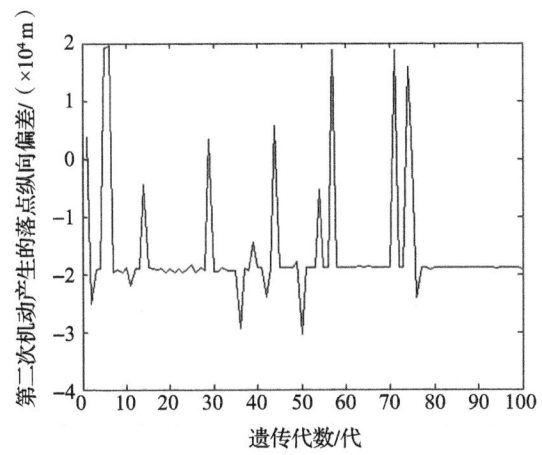

图 7.31 再次机动落点纵向偏差与遗传代数图

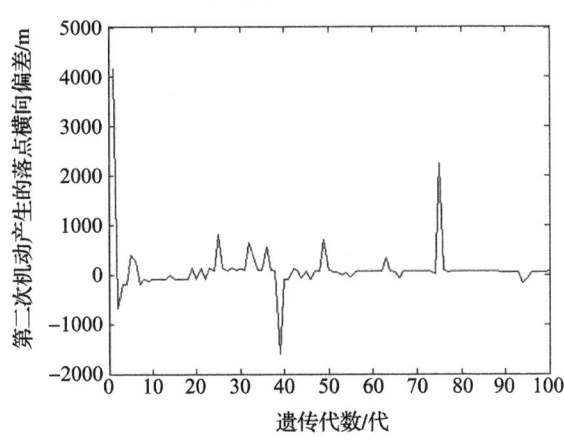

图 7.32 再次机动落点横向偏差与遗传代数图

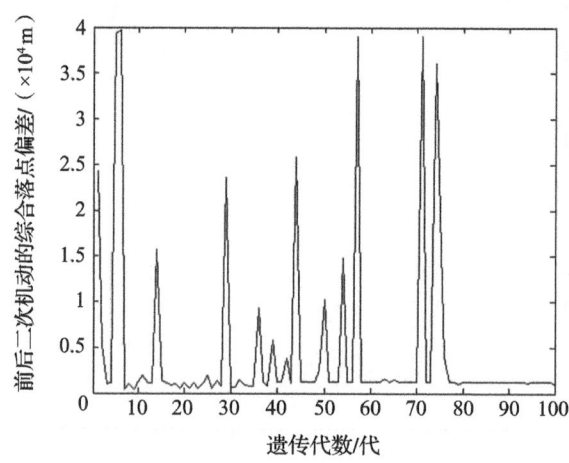

图 7.33 进攻弹头前后二次机动产生综合落点偏差与遗传代数关系图

多次仿真计算的结果见表 7.6，从中也可以看出，采用遗传算法求解满足突防要求和落点精度控制要求的进攻弹头第二次机动轨控发动机控制参数，其解并不是唯一的。

表 7.6 进攻弹头第二次机动轨控发动机参数优化结果

仿真次数	持续机动时间/s	$\sigma_{PM2}/(°)$	$\theta_{PM2}/(°)$	脱靶量/m	第二次机动纵向偏差/m	第二次机横向偏差/m	前后二次综合偏差/m
第一次	11.679	−3.3564	−51.555	19.439	−19146.19	78.24	997.43
第二次	11.607	−178.044	126.571	17.369	−18919.27	127.85	1228.21
第三次	11.618	−3.3674	133.153	15.4545	−18899.046	−147.38	1248.16
第四次	12.840	177.484	−57.685	24.78	−20923.81	−95.159	788.70
第五次	11.558	0.2142	129.11	16.487	−18885.98	8.608	1253.83
第六次	11.562	4.895	128.506	16.693	−18822.939	139.247	1332.496

7.4 仿真结论

综合以上仿真结果及分析，可得以下结论：

（1）进攻弹头进行"两次机动"的小推力机动规避突防能达到成功突防所需的脱靶量要求，能够实现对机动引起的落点偏差的纠正，二次机动所需的轨控发动机持续机动时间不超过 26.33s，能够满足导弹突防作战要求。

（2）利用遗传算法求解进攻弹头和 EKV 轨控发动机机动时机、机动方向等控制参数的优化设计是有效的。

（3）在进行 EKV 初始拦截弹道的设计时，采用反向积分，并结合遗传算法搜索 EKV 初始拦截弹道的速度、位置等参数的方法，亦被证明是有效的。在无法确切获得 EKV 实际飞行弹道的情况下，这种方法为导弹突防仿真对抗提供了一条新的思路。

7.5　本章小结

本章通过仿真验证了"两次机动"小推力规避突防方案的有效性，利用遗传算法实现了对进攻弹头机动弹道和 EKV 最优拦截弹道的优化控制。进化算法有效解决了突防导弹在 EKV 自由滑行和末制导结束两阶段内轨控发动机工作时间、机动方向等 6 个机动弹道控制变量的优化设计问题，利用遗传算法和反向积分的方法有效解决了 EKV 初始弹道 6 个弹道参数、3 个约束条件的初始拦截弹道参数的设计问题。优化结果合理，且实现了战术要求的脱靶量和落点精度，很好地满足了弹道导弹中段机动突防对机动规避方案的智能决策要求。

在未来一段时期内，在弹道中段通过多次机动实现规避突防是提高战略导弹突防能力切实可行的方案。通过本章的研究，可形成以下结论：

（1）智能变轨规避突防方案充分利用了 EKV 长达数分钟的大气层外无控滑行飞行、拦截弹道预先确定的弱点，通过实施小推力、短时段机动，能以较小能量耗损产生较大零控脱靶量，从而提高突防效率。

（2）智能变轨规避突防方案综合利用了 EKV 的红外导引头探测距离有限、机动过载有限和轨控发动机只能开机一次且持续工作时间有限等战术技术性能弱点，依靠机动产生的较大零控脱靶量，来限制 EKV 末制导时轨控发动机的开机时机，获得成功突防所需要的剩余飞行时间，从而避免了直接在 EKV 末制导段与 EKV 比拼轨控发动机机动性能的不利因素，降低了成功突防对进攻弹头机动过载的要求。

（3）智能变轨规避突防方案可在提高突防性能的同时，减小对命中精度的影响。由于采用前后两次机动落点偏差相互抵消的方法，因此不必在成功突防后再考虑弹道的回归控制问题，从而节省了燃料，简化了对突防控制系统的要求。

（4）智能变轨规避突防技术门槛相对较低。与智能诱饵、电子干扰机及雷达红外综合隐身技术等其他技术突防手段相比，"多次变轨机动"突防不需要改变弹上硬件；与在 EKV 末制导段内实施大推力瞬时冲量机动方案相比，无须安装大推力固体发动机，且所耗燃料较小，易于工程实现。

本书对于弹道中段"多次变轨"规避突防的研究还是初步的，系统的研究、设计、论证与试验智能变轨规避突防是一项巨大的系统工程，还需要进一步对制导控制系统、突防系统、探测系统及发动机进行更全面深入的研究。

参考文献

[1] 倪勤. 最优化方法与程序设计 [M]. 北京：科学出版社，2009.

[2] Han Jing-Qing. Guidance Law in Intercept Problem [M]. Beijing：Publishing company of national defence industry，1977.

[3] 姚俊，马松辉. Simulink 建模与仿真 [M]. 西安：西安电子科技大学出版社，2002.

[4] 雷英杰，张善文，李续武，等. MATLAB 遗传算法工具箱及应用 [M]. 西安：西安电子科技大学出版社，2005.

[5] 周明，孙树栋. 遗传算法原理及应用 [M]. 北京：国防工业出版社，1999.

[6] 云庆夏. 进化算法 [M]. 北京：冶金工业出版社，2000.

[7] 侯明善. 指向预测命中点的最短时间制导 [J]. 西北工业大学学报，2006，24（6）：690-694.

[8] 程国采. 战术导弹导引方法 [M]. 北京：国防工业出版社，1996.

[9] 张雅声，程国采，陈克俊. 高空动能拦截器末制导导引方法设计与实现 [J]. 现代防御技术，2001，29（2）：31-34.

[10] 李邦杰. 助推-滑翔导弹弹道设计与优化 [D]. 西安：第二炮兵工程学院，2007.

[11] 周锐，陈宗基. 遗传算法在逃逸机动策略中的应用研究 [J]. 控制与决策. 2001，16（4）：465-467.

[12] 刘庆鸿，陈德源，王子才. 动能拦截器拦截战术弹道导弹的脱靶量仿真 [J]. 系统仿真学报. 2002，14（2）：200-203.

[13] 汤一华，陈士橹，徐敏，等. 基于遗传算法的有限推力轨道拦截优化研究 [J]. 西北工业大学学报，2005（10），23（5）：671-675.

[14] Zarchan P. Tactical and strategic missile guidance [M]. Reston，VA：American Institute of Aeronautics and Astronautics，Inc.，2012.

[15] 姜玉宪. 具有规避能力的末制导方法 [C] //中国航空学会控制与应用第八届学术年会论文集. 北京：中国航空学会，1988：75-79.

内容简介

本书是关于中远程弹道导弹机动规避式突防理论研究和工程技术的一部著作,是作者多年来从事导弹突防作战研究成果的总结和提炼。书中详细介绍了陆基反导拦截系统和弹道导弹机动突防技术的发展现状;分析了陆基拦截弹(GBI)战术、技术性能弱点及作战特点;提出以破坏大气层外动能拦截器(EKV)中末制导交接班条件为目标的小推力多次机动突防理论,并对该机动突防理论的可行性和相对有效性进行论证分析;结合根据具体的突防环境和突防对象,研究弹道中段小推力机动规避突防的制导控制问题,设计出满足突防脱靶量要求和命中精度要求的机动规避方案;构建机动弹头变轨机动智能规避模型、规避效果评估模型及落点偏差控制模型;采用人工智能算法研究弹道中段机动规避快速规划的理论方法,重点研究机动规避智能控制的算法实现问题。

本书可作为导弹突防作战仿真、飞行器设计、弹道设计与优化等专业的高年级本科生和研究生教材,也可供从事弹道导弹突防及作战仿真研究的工程技术人员参考。

This book is on the theoretical research and engineering technology of maneuver circumvention penetration of medium or long-range ballistic missiles. It is a summary and extraction of the research results of missile penetration warfare for many years.

The book introduces the development of ground-based anti-missile interceptor system and ballistic missile maneuvering penetration technology in detail, analyzes the tactics, technical performance weakness and operational characteristics of ground-based Interceptor (GBI) system, puts forward the theory of small thrust multiple maneuvering penetration with the aim of destroying the mid-and-end guidance transition condition of the exoatmospheric kill vehicle (EKV), and the feasibility and relative validity of the maneuvering penetration theory are demonstrated and analyzed; According to the specific penetration environment and the object of penetration, this paper studies the guidance control problem of small thrust maneuver circumvention penetration in the middle of ballistic trajectory, and designs a maneuvering circumvention scheme to meet the requirements of penetration miss distance and hit precision; To construct the intelligent circumvention model, evaluation model of circumvention (evading) effect and control model of impact point deviation for maneuverable orbit-changing warhead. Finally, artificial intelligence algorithm is used to study the fast planning theoretical method of maneuver circumvention in the middle of ballistic trajectory, and the implementation of maneuvering circumvention intelligent control algorithm is studied emphatically.

This book can be used as a senior undergraduate and graduate teaching material for missile penetration combat simulation, aircraft design, ballistic trajectory design and optimization, and can also be used as a reference for engineers and technicians engaged in ballistic missile penetration and combat simulation research.

作者简介

李新其，男，湖南娄底人，1975年生，导航制导与控制专业博士，作战指挥学博士后，硕士生导师，陕西省高校青年创新团队学术带头人，长期从事导弹武器作战运用与指挥控制、任务规划与作战仿真、作战效能建模方法研究与军事需求分析等方面的教学科研任务。

先后主持完成了国家863课题4项、国防科技创新特区基金1项、国家社科基金1项、军种以上课题20余项；获"锦囊-2020""锦囊-2021"全国一等奖各1项，军事理论研究成果一等奖1项，军队科技进步二等奖1项，三等奖3项，各类教学成果奖十余项；出版学术专著2部，以第一作者发表论文100余篇，获得国家发明专利5项，荣立三等功1次。